# Messung der turbulenten Dissipationsrate in ebenen und achsensymmetrischen Nachlaufströmungen

Der Technischen Fakultät der
Universität Erlangen-Nürnberg

zur Erlangung des Grades

DOKTOR-INGENIEUR

vorgelegt von

Thoralf Christian Schenck

Erlangen 1999

Als Dissertation genehmigt von der
Technischen Fakultät
der Universität Erlangen-Nürnberg

| | |
|---|---|
| Tag der Einreichung: | 12. 07. 1999 |
| Tag der Promotion: | 03. 11. 1999 |
| | |
| Dekan: | Prof. Dr.-Ing. G. Herold |
| Berichterstatter: | Prof. Dr. Dr. h.c. F. Durst |
| | Prof. Dr.-Ing. C. Tropea |

Thoralf Christian Schenck

# MESSUNG DER TURBULENTEN DISSIPATIONSRATE IN EBENEN UND ACHSENSYMMETRISCHEN NACHLAUFSTRÖMUNGEN

*ibidem*-Verlag
Stuttgart

Die Deutsche Bibliothek - CIP-Einheitsaufnahme:

Ein Titeldatensatz für diese Publikation ist bei
Der Deutschen Bibliothek erhältlich

∞

Gedruckt auf alterungsbeständigem, säurefreien Papier
Printed on acid-free paper

ISBN: 3-932602-82-X



Printed in Germany

# Vorwort

Die vorliegende Arbeit entstand während meiner Tätigkeit als wissenschaftlicher Mitarbeiter am Lehrstuhl für Strömungsmechanik der Universität Erlangen-Nürnberg.

Die Konrad-Adenauer-Stiftung förderte in den ersten anderthalb Jahren meine Arbeit durch ein Stipendium. Hierfür möchte ich mich herzlich bedanken. Der Deutschen Forschungsgemeinschaft und der Stiftung Volkswagenwerk ist für die finanzielle Unterstützung der Arbeit von 1997 bis 1999 im Rahmen der Projekte DFG-Jo240/1-3 bzw. VW-I/72857 zu danken.

Herrn Prof. Dr. Dr. h.c. F. Durst als Leiter des Lehrstuhls danke ich für die Möglichkeit, meine Arbeit am Lehrstuhl durchzuführen, seine stetige Unterstützung und Anregungen sowie für die Übernahme des Hauptreferates. Ferner danke ich Herrn Prof. Dr. C. Tropea für die freundliche Übernahme des Korreferates.

Mein besonderer Dank gilt Herrn Dr. J. Jovanović, der durch seine sachkundige Betreuung entscheidend zum Gelingen dieser Arbeit beigetragen hat.

Hervorheben möchte ich auch die ausgezeichnete Zusammenarbeit mit meinen Kollegen H. Lienhart und M. Fischer. Viele gute Ideen entstanden in gemeinsamen Diskussionen.

Bei meiner Frau Martina möchte ich mich für die unermüdliche Durchsicht des Manuskripts sowie für viele gute Hinweise bedanken.

Außerdem gilt mein Dank den Gastwissenschaftlern, Dr. D. Petrović und Dr. L. Benedict, für ihre Mithilfe sowie allen Mitarbeitern des Lehrstuhls, die auf verschiedene Weise die Arbeit unterstützt haben. Hierbei sind insbesondere die Techniker S. Knopf und H. Weber, außerdem Dr. S. Becker zu nennen.

Erlangen, Juli 1999

Thoralf Schenck

# Inhaltsverzeichnis

# Symbolverzeichnis

| | |
|---|---|
| $A$ | Invariantenfunktion |
| $A_L$, $A_U$ | Ähnlichkeitsparameter |
| $a_{ij}$ | Anisotropie-Tensor der Reynoldsschen Spannungen |
| $B$ | Invariantenfunktion |
| $C$ | Kalibrierungsparameter |
| $c_D$ | Widerstandsbeiwert |
| $C_\epsilon$ | Koeffizient des Gradientendiffusionsmodells für den turbulenten Transportterm in der $\epsilon$-Gleichung |
| $D$ | Durchmesser des Zylinders für Nachlaufströmung |
| $\mathbf{d}$ | Vektor des Drahtabstands einer X-Drahtsonde |
| $d$ | Betrag des Drahtabstands einer X-Drahtsonde, $d = \lvert\mathbf{d}\rvert$ |
| $E$ | Mittelwert der elektrischen Spannung |
| $E(k)$ | Energiespektrum |
| $e$ | Schwankungswert der elektrischen Spannung |
| $E_0$ | Kalibrierungsparameter |
| $e_{ij}$ | Anisotropietensor der Dissipationskorrelationen |
| $f$ | normierte mittlere Geschwindigkeitsverteilung |
| $F$ | Funktion zur Interpolation zwischen achsensymmetrischer und Zweikomponenten-Turbulenz |
| $f_\epsilon$ | Funktion zur Beschreibung der Reynoldszahlabhängigkeit des Senkenterms $T_s$ der Dissipationsgleichung |
| $F_{ij}$ | eindimensionales Spektrum |
| $F_{ij}^m$ | gemessenes eindimensionales Spektrum |
| $G$ | Funktion zur Interpolation zwischen isotroper und isotroper Zweikomponenten-Turbulenz |
| $I_n$ | Integralmoment, $n = 1, 2$ |
| $II$ | zweite Invariante des Anisotropietensors $a_{ij}$ |
| $II_e$ | zweite Invariante des Anisotropietensors $e_{ij}$ |
| $III$ | dritte Invariante des Anisotropietensors $a_{ij}$ |
| $J$ | Invariantenfunktion |
| $\mathbf{k}$ | Wellenzahlvektor |
| $k$ | turbulente kinetische Energie, $k = q^2/2$; Betrag des Wellenzahlvektors, $k = \lvert\mathbf{k}\rvert$ |
| $k_i$ | Komponenten des Wellenzahlvektors, $i = 1, 2, 3$ |
| $K_i$ | Quotient von Geschwindigkeitsableitungen zur Beschreibung der Abweichungen von der lokalen Isotropie |
| $K_{ai}$ | Quotient von Geschwindigkeitsableitungen zur Beschreibung der Abweichungen von der lokalen Achsensymmetrie |
| $L$ | lokales Längenmaß der Nachlaufströmung (halbe Nachlaufbreite), $U_1(L) = (U_\infty + U_0)/2$ |
| $\mathbf{l}$, $\mathbf{l_a}$, $\mathbf{l_b}$ | Drahtvektoren |
| $l$ | Länge eines Hitzdrahtes, $l = \lvert\mathbf{l}\rvert$ |

| | |
|---|---|
| $L_k$ | Kolmogorovsches Mikrolängenmaß |
| $P$ | mittlerer Druck |
| $p$ | Druckfluktuation |
| $P_\infty$ | mittlerer Druck außerhalb der Nachlaufströmung |
| $P_\epsilon^1$, $P_\epsilon^2$ | Produktionsterme der Dissipationsgleichung |
| $Q$ | effektive Kühlungsgeschwindigkeit |
| $q$ | Summe der turbulenten Normalspannungen, $q^2 = \overline{u_1^2} + \overline{u_2^2} + \overline{u_3^2}$ |
| $r$ | radiale Koordinate |
| $R_{ij}$ | Tensor der Reynoldsschen Spannungen, $R_{ij} = 3\overline{u_i u_j}/q^2$ |
| $r_{ij}$ | Korrekturfunktion |
| $Re_\lambda$ | turbulente Reynoldszahl, $Re_\lambda = q\lambda/\nu$ |
| $Re_D$ | Reynoldszahl, basierend auf dem Zylinder- bzw. Kugeldurchmesser |
| $\mathbf{s}$ | Vektor des Sondenabstands in Querrichtung |
| $s$ | Betrag des Sondenabstands in Querrichtung, $s = \|\mathbf{s}\|$ |
| $S_{ij}$ | mittlere Spannungsrate, $S_{ij} = \frac{\partial U_i}{\partial x_j} + \frac{\partial U_j}{\partial x_i}$ |
| $\tilde{S}_{ij}$ | normierte mittlere Spannungsrate, $\tilde{S}_{ij} = S_{ij}\lambda/q$ |
| $t$ | Zeit |
| $T_s$ | Senkenterm in der Dissipationsgleichung |
| $T_\epsilon$ | turbulenter Transportterm der Dissipationsgleichung |
| $\mathbf{U}$ | Geschwindigkeitsvektor |
| $U_{eff}$ | effektive Kühlungsgeschwindigkeit |
| $U_i, i = 1,2,3$ | Komponenten der mittleren Geschwindigkeit |
| $U_S$ | lokales Geschwindigkeitsmaß der Nachlaufströmung, $U_S = U_\infty - U_1(\eta = 0)$ |
| $U_\infty$ | mittlere Geschwindigkeit außerhalb der Nachlaufströmung |
| $u_i$ | Geschwindigkeitsfluktuation, $i = 1,2,3$; Turbulenzintensität, $u_i = \sqrt{\overline{u_i^2}}$ |
| $u_i^m$ | gemessene Geschwindigkeitsfluktuation |
| $\tilde{u}_i$ | über die Drahtlänge gemittelte Geschwindigkeitsfluktuation |
| $u_{ij}$ | räumliche Ableitung einer Geschwindigkeitsfluktuation, $u_{ij}^2 = \overline{(\partial u_i/\partial x_j)^2}$ |
| $u_{ij}^m$ | gemessene räumliche Ableitung einer Geschwindigkeitsfluktuationen |
| $\mathbf{w}$ | Vektor des Sondenabstands in Strömungsrichtung ($x_1$) |
| $w$ | Betrag des Sondenabstands in Strömungsrichtung $w = \|\mathbf{w}\| = -U_1\Delta t$ |
| $\mathbf{x}$ | Ortsvektor |
| $x_i$ | Kartesische Koordinaten, $i = 1,2,3$ |
| $dZ_i$, $dZ_{ij}$ | Fourier-Stieltjes-Komponente |

**Griechische Symbole**

| | |
|---|---|
| $\alpha$ | Anströmwinkel |
| $\beta$ | dimensionsloser Nachlaufparameter (Wachstumsrate), $\beta = U_S/U_\infty \, dL/dx_1$ |
| $\Delta$ | Laplace-Operator, $\Delta_x = \partial^2/\partial x_l \partial x_l$, $\Delta_\xi = \partial^2/\partial \xi_l \partial \xi_l$ |
| $\delta_{ij}$ | Kronecker-Symbol, $\delta_{ij} = 0$ für $i \neq j$, $\delta_{ij} = 1$ für $i = j$ |
| $\epsilon$ | turbulente Dissipationsrate |
| $\epsilon^{iso}$ | turbulente Dissipationsrate in isotroper Turbulenz, $\epsilon^{iso} = 15\nu\overline{(\partial u_1/\partial x_1)^2}$ |
| $\epsilon_h$ | homogener Teil der turbulenten Dissipationsrate |
| $\epsilon_{ij}$ | Tensor der Dissipationskorrelationen |
| $\eta$ | dimensionslose Koordinate in Querrichtung der Nachlaufströmung, $\eta = x_2/L$ bzw. $\eta = r/L$ |
| $\theta$ | Impulsverlustdicke bzw. -radius |
| $\vartheta$ | Winkel, $\vartheta = 90° - \psi$ |
| $\lambda$ | Taylorsches Mikrolängenmaß, $\lambda = \sqrt{5\nu q^2/\epsilon_h}$ |
| $\lambda_{iso}$ | isotropes Taylorsches Mikrolängenmaß, $\lambda_{iso} = \sqrt{5\nu q^2/\epsilon^{iso}}$ |
| $\lambda_{it}$ | Tensor des Taylorschen Mikrozeitmaßes, $\lambda_{it}^2 = \overline{u_i}^2/\overline{(\partial u_i/\partial t)^2}$ |
| $\nu$ | kinematische Viskosität |
| $\xi_k$ | Koordinate des in der Zweipunkt-Korrelationstechnik verwendeten Koordinatensystems, $\xi_k = (x_k)_b - (x_k)_a$ |
| $\Pi_\epsilon$ | Druck-Transportterm der Dissipationsgleichung |
| $\rho$ | Dichte |
| $\rho_{it}$, $\rho_{ij}$ | Korrelationskoeffizient |
| $\Phi_{ij}$ | Spektraltensor |
| $\psi_{eff}$ | effektiver Drahtwinkel |
| $\psi$ | Funktion des modellierten Senkenterms der $\epsilon_h$-Gleichung, $\psi = \psi(II, III, Re_\lambda)$ |

# 1 Einleitung

## 1.1 Einführung und Problemstellung

Die meisten Strömungen in technischen Anlagen und Apparaten, wie auch in der Natur, sind turbulent. Turbulenten Strömungen kommt somit eine beträchtliche praktische Bedeutung zu. Entsprechend hoch ist die Anzahl von Untersuchungen turbulenter Strömungen. Eine wichtige Zielstellung dieser Untersuchungen ist die Möglichkeit der Vorausberechnung turbulenter Strömungen. Diese Aufgabe ist bis heute nicht in zufriedenstellender Weise gelöst. Zwar sind die zugrundeliegenden Gleichungen - die Navier-Stokes-Gleichungen - bereits seit dem 19. Jahrhundert bekannt, allerdings bislang nicht in allgemeiner Form lösbar. Die Ursache hierfür liegt in der Natur der turbulenten Bewegung begründet. Eine turbulente Strömung setzt sich aus einer geordneten Grundströmung und einer überlagerten stochastischen Fluidbewegung zusammen. Diese stochastische Bewegung, die man sich als System miteinander wechselwirkender Wirbel unterschiedlicher Größe vorstellen kann, führt zu einer intensiven Durchmischung des Fluids. Die mittleren Stoff-, Wärme- und Impulstransporte liegen gewöhnlich um Größenordnungen über denen laminarer Strömungen. Der Energiefluß in einer turbulenten Strömung verläuft derart, daß der Grundströmung durch die großen Wirbel Energie entzogen und in einem kaskadenartigen Prozeß auf immer kleinere Wirbel übertragen wird. Deren Energie nimmt dabei immer mehr ab und wird schließlich so klein, daß sie nicht mehr zur Aufrechterhaltung der turbulenten Bewegung ausreicht und die mechanische Energie der Wirbel aufgrund der Wirkung der Viskosität in Wärme dissipiert wird.

Während die Größe der energietragenden, großen Wirbel in erster Linie durch die Abmessungen des Turbulenzerzeugers bestimmt wird und somit näherungsweise unabhängig von der Reynoldszahl ist, nimmt die Größe der kleinsten Wirbel mit zunehmender Reynoldszahl ab. Will man eine turbulente Strömung vorausberechnen, so müssen die instationären, dreidimensionalen, differentiellen Erhaltungsgleichungen für Masse, Impuls, ggf. Energie, chemische Spezies usw., numerisch gelöst werden. Die Maschenweite des verwendeten numerischen Gitters muß dabei klein genug sein, um auch die kleinsten Wirbel noch zu erfassen. Aufgrund der Dreidimensionalität sowie der numerisch bedingten Begrenzung der Zeitschrittweite wächst der Rechenaufwand für diese Aufgabe etwa mit der dritten Potenz der Reynoldszahl an. Man stößt daher auf diese Weise mit wachsender Reynoldszahl rasch an die Grenzen der Rechenkapazität heutiger Großrechner, die gegenwärtig und auch auf absehbare Zeit weit unterhalb der Reynoldszahlbereiche technischer Anwendungen liegt. Aus dieser Tatsache ergibt sich die Notwendigkeit der Turbulenzmodellierung.

Ausgangspunkt aller heutzutage zur Berechnung turbulenter Strömungen verwendeten Modelle ist die 1895 von O. Reynolds vorgeschlagene Unterteilung der Strömungsvariablen in einen zeitlichen Mittelwert, der über einen ausreichend langen Zeitraum gebildet wird, und eine momentane Schwankung um diesen Mittelwert. Das Einsetzen in die

Navier-Stokes-Gleichungen und die anschließende zeitliche Mittelwertbildung führt auf die dymanischen Gleichungen für die zeitlich gemittelten Strömungsvariablen,

$$\frac{\partial U_j}{\partial t} + U_i \frac{\partial U_j}{\partial x_i} = -\frac{1}{\rho}\frac{\partial P}{\partial x_j} - \frac{\partial \overline{u_i u_j}}{\partial x_i} + \nu \frac{\partial^2 U_j}{\partial x_i \partial x_i}, \tag{1.1}$$

die man auch als Reynoldssche Gleichungen bezeichnet. Der Einfachheit halber sollen hier nur inkompressible Fluide betrachtet und äußere Kräfte vernachlässigt werden. Aufgrund des nichtlinearen Konvektionsterms treten als zusätzliche Unbekannte die zeitgemittelten Produkte der Geschwindigkeitsfluktuationen auf, die als Spannungen interpretiert werden können und auch als Reynoldssche Spannungen bezeichnet werden. Im Gegensatz zu den viskosen Spannungen sind die Reynoldsschen Spannungen keine Materialeigenschaft, sondern eine lokale Eigenschaft des Turbulenzfelds selbst. Zur Bestimmung der Reynoldsschen Spannungen kann man rein formal aus den Navier-Stokes-Geichungen und den Reynoldsschen Gleichungen Transportgleichungen für die Reynoldsschen Spannungen ableiten. Sie lauten für inkompressible Fluide ohne äußere Kräfte:

$$\begin{aligned}\frac{\partial \overline{u_i u_j}}{\partial t} + U_k \frac{\partial \overline{u_i u_j}}{\partial x_k} &= -[\overline{u_j u_k}\frac{\partial U_i}{\partial x_k} + \overline{u_i u_k}\frac{\partial U_j}{\partial x_k}] - \frac{1}{\rho}\underbrace{[\overline{u_j \frac{\partial p}{\partial x_i}} + \overline{u_i \frac{\partial p}{\partial x_j}}]}_{(i)} \\ &\quad - \underbrace{\frac{\partial \overline{u_i u_j u_k}}{\partial x_k}}_{(ii)} - 2\nu \underbrace{\overline{\frac{\partial u_i}{\partial x_k}\frac{\partial u_j}{\partial x_k}}}_{(iii)} + \nu \frac{\partial^2 \overline{u_i u_j}}{\partial x_k \partial x_k}.\end{aligned} \tag{1.2}$$

Als Folge der Nichtlinearität der Navier-Stokes-Gleichungen enthalten auch diese Gleichungen wiederum neue, unbekannte Terme ($(i)$, $(ii)$ und $(iii)$), die man gemäß einer Klassifizierung nach Chou [14] als Geschwindigkeits-Druckgradient-Korrelationen $(i)$, Geschwindigkeitskorrelationen höherer Ordnung $(ii)$ und Dissipationskorrelationen $(iii)$ bezeichnet. Für die drei Terme $(i)$, $(ii)$ und $(iii)$ ließen sich formal erneut zusätzliche Transportgleichungen ableiten, die jedoch weitere unbekannte Terme enthalten. Man gelangt ohne zusätzliche Bedingungen nicht zu einem geschlossenen Gleichungssystem und stößt damit auf das bekannte Schließungsproblem der Turbulenz. Die Aufgabe der Turbulenzmodellierung besteht darin, die unbekannten Terme durch bekannte Größen zu ersetzen. In der vorliegenden Arbeit werden die Dissipationskorrelationen, die den Term $(iii)$ in den Gleichungen (1.2) bilden, betrachtet.

Die Dissipationskorrelationen spielen eine zentrale Rolle, da sie in den Gleichungen (1.2) eine Senke darstellen und in keiner turbulenten Strömung verschwinden. Die Spur des Tensors der Dissipationskorrelationen $\epsilon_{ij}$, die Dissipationsrate $\epsilon$ der turbulenten kinetischen Energie[1], taucht in direkter oder indirekter Form in nahezu jedem heutzutage eingesetzten Turbulenzmodell auf. Bemerkenswert ist, daß trotz ihrer Bedeutung die

[1] Vergleiche hierzu Anhang A.

Modellierung der Dissipationskorrelationen einen Hauptschwachpunkt aller Turbulenzmodelle darstellt.

Oftmals werden die Dissipationskorrelationen unter der Annahme des Konzeptes lokaler Isotropie modelliert, das auf die Arbeiten von Kolmogorov [45, 46] zurückgeht. Die Beschränkung auf isotrope Turbulenz bringt beachtliche Vereinfachungen der die Turbulenz beschreibenden Gleichungen mit sich. In einem isotropen Turbulenzfeld muß jede beliebige statistische Funktion invariant gegenüber Drehungen und Spiegelungen des Bezugskoordinatensystems sein. Isotrope Turbulenz stellt jedoch nur einen idealisierten Fall dar, der in der Realität nur näherungsweise anzutreffen ist. Betrachtet man hingegen die Geschwindigkeitsdifferenzen zwischen zwei räumlich voneinander getrennten Punkten und fordert Invarianz gegenüber Drehung und Spiegelung für Funktionen dieser Geschwindigkeitsdifferenzen in einem endlichen Gebiet, so gelangt man zum Begriff der lokalen Isotropie. Damit ist ein größerer Gültigkeitsbereich zu erwarten, da sich die Isotropie nur auf ein kleines Gebiet beschränkt, während das Turbulenzfeld im ganzen anisotrop sein kann. Die Dissipationskorrelationen in den Gleichungen (1.2) werden gerade durch Geschwindigkeitsdifferenzen zwischen infiniteseminal nahe beieinanderliegenden Punkten gebildet. Kolmogorov [45, 46] hat Isotropie für die kleinen Turbulenzelemente - und damit auch für die Dissipationskorrelationen - in Strömungen hoher Reynoldszahlen postuliert. Der Tensor der Dissipationskorrelationen reduziert sich bei Vorliegen lokaler Isotropie auf seine drei Diagonalenelemente, die alle gleich groß sind. Gestützt durch einige experimentelle Indizien hat sich die Ansicht durchgesetzt, daß man lokale Isotropie in jeder turbulenten Strömung antrifft, wenn die Reynoldszahl hoch genug ist. In Kapitel 5.5 wird jedoch gezeigt, daß lokale Isotropie nur bei gleichzeitig verschwindender Anisotropie der Reynoldsschen Spannungen möglich ist, die jedoch praktisch kaum oder nur näherungsweise auftritt. Da die Turbulenz-Anisotropie in starkem Maße die Dynamik der Dissipationskorrelationen beeinflußt und praktisch immer auftritt, muß sie bei der Modellierung des Dissipationsprozesses berücksichtigt werden.

Eine weitaus größere Gültigkeit als die Annahme lokaler Isotropie besitzt die Annahme lokaler Homogenität. Sie wurde erstmalig in konsequenter Weise von Chou [14] im Rahmen der Zweipunkt-Korrelationstechnik angewendet, hat jedoch seitdem in der Modellierungspraxis nur wenig Beachtung gefunden. Mit Hilfe der Zweipunkt-Korrelationstechnik gelingt es, den Einfluß von Inhomogenitäten abzutrennen und auf physikalisch begründete Weise zu beschreiben. Ein Beispiel hierfür ist das korrekte asymptotische Verhalten der Dissipationskomponenten in Wandnähe, das man durch Anwendung dieser Technik ohne Hinzunahme empirischer Wandfunktionen erhält.

Die Probleme vieler Turbulenzmodelle zur Beschreibung der drei unbekannten Korrelationen $(i)$, $(ii)$, $(iii)$ in den Gleichungen (1.2) resultieren aus der unzureichenden Berücksichtigung der Strömungsinhomogenitäten und -anisotropien. Erfolgversprechend erscheint in diesem Zusammenhang das von Jovanović et al. [39, 40, 41] entwickelte Dissipationsmodell. Die Autoren verwendeten bei der Ableitung des Modells die Zweipunkt-Korrelationstechnik sowie die von Lumley & Newman [55] vorgeschlagene Invariantentheorie. Letztere ermöglicht auf vergleichsweise einfache und dennoch physikalisch fundierte Art eine Beschreibung der Turbulenz-Anisotropie.

Die vorliegende Dissertationsschrift knüpft an diese Arbeiten an und möchte die angedeutete Modellentwicklung vorantreiben, um auf diese Weise zur Lösung des Turbulenzproblems beizutragen. Durch experimentelle Untersuchungen in zwei ausgewählten Scherströmungen werden konkrete Fragestellungen, die im Rahmen der Modellierung entstanden sind, beantwortet und das Modell auf der Basis experimenteller Daten analysiert und verifiziert.

Als Meßtechnik bot sich die Hitzdrahtanemometrie an, da der apparative Aufwand - im Gegensatz zur Laser-Doppler-Anemometrie - in einem vertretbaren Rahmen bleibt. Die Auswahl der untersuchten Strömungen und Strömungsbedingungen erfolgte sorgfältig unter besonderer Berücksichtigung des räumlichen Auflösungsvermögens der eingesetzten Sonden. Mögliche Fehlerquellen wurden analysiert und entsprechende Korrekturen abgeleitet. Vor der Nutzung der Meßdaten für die Turbulenzmodellierung wurden sie verschiedenen Verträglichkeitsprüfungen unterzogen und mit früheren Arbeiten aus der Literatur verglichen.

Mittlerweile sind zwei neue Meßtechniken, die Particle-Image-Velocimetry und die Laser-Speckle-Velocimetry, bekannt geworden, die für derartige Untersuchungen geeignet erscheinen. Es ist also denkbar, daß zukünftig in weiterführenden Arbeiten auch andere Meßtechniken als die Hitzdrahtanemometrie zum Einsatz kommen.

## 1.2 Stand der Forschung

Um Modellannahmen und bei der Modellierung getroffene Vereinfachungen zu überprüfen, Modellkonstanten zu bestimmen und schließlich auch die Anwendbarkeit und Leistungsfähigkeit eines Turbulenzmodells zu testen, ist man noch immer auf den Vergleich mit dem Experiment angewiesen. Zweckmäßigerweise wählt man für die entsprechenden Untersuchungen Strömungen, die sich durch einfache Geometrien, Randbedingungen und damit verbundene Vereinfachungen der Erhaltungsgleichungen auszeichnen, aber bereits typische Eigenschaften technischer Strömungen aufweisen. Beispiele hierfür sind Grenzschichten, Nachlaufströmungen hinter stumpfen Körpern, Freistrahlen, Trennungsschichten, Rohr- und Kanalströmungen sowie einige homogene Scherströmungen.

Die ersten Untersuchungen turbulenter Strömungen dienten vorwiegend der Bestimmung des mittleren Geschwindigkeitsfelds und der turbulenten Spannungen. Mit diesen Informationen konnten einfache Turbulenzmodelle, beipielsweise der Prandtlsche Mischungswegansatz, direkt getestet werden. Allerdings besitzen solche stark vereinfachten Turbulenzmodelle nur einen beschränkten Gültigkeitsbereich und können für die meisten Anwendungen nicht eingesetzt werden.

Will man aufwendigere Turbulenzmodelle, die beispielsweise die Lösung der Gleichungen (1.2) erfordern, verifizieren, so müssen die einzelnen Terme dieser Gleichungen und zudem die Terme der Dissipationsgleichung gemessen werden. Das ist jedoch bis heute nicht gelungen. Es gibt bislang kein Meßverfahren, das die Messung der Geschwindigkeit-Druckgradient-Korrelationen (Term $(i)$ der Gleichungen (1.2)) mit ausreichender Genauigkeit erlaubt. Auch die Dissipationskorrelationen sind bislang noch in keiner Strömung vollständig gemessen worden. Immerhin können zumindest einzelne Komponenten der Dissipationskorrelationen und unter bestimmten Vereinfachungen auch die turbulente Dissipationsrate experimentell bestimmt werden. Eine wichtige Frage war dabei, ob und wann die Annahme lokaler Isotropie gerechtfertigt ist, mit der - wie bereits erwähnt - beträchtliche Vereinfachungen möglich sind. In vielen Arbeiten wurde daher diese Annahme direkt angewendet bzw. deren Gültigkeit untersucht.

Die ersten Dissipationsmessungen gehen auf Simmons & Salter [73] zurück. Die turbulente Dissipationsrate wurde unter der Annahme lokaler Isotropie bestimmt. Damit reduziert sich die Bestimmung der Dissipationsrate auf die Messung einer einzigen quadrierten und zeitgemittelten Geschwindigkeitsableitung $(\overline{(\partial u_1/\partial x_1)^2})$. Diese kann mit Hilfe eines Hitzdrahtanemometers unter Verwendung der Taylorschen Hypothese aus der zeitlichen Ableitung $(\overline{(\partial u_1/\partial t)^2})$ gemessen werden.

Auf diese Weise bestimmten auch Corrsin [17], Corrsin & Uberoi [18] im turbulenten Freistrahl und Townsend [82, 83] im ebenen Nachlauf die turbulente Dissipationsrate. Townsend [82] zeigte überdies als Indiz für die Gültigkeit der Annahme lokaler Isotropie, daß die hierfür notwendigen Bedingungen $2\overline{(\partial u_1/\partial x_1)^2} = \overline{(\partial u_2/\partial x_1)^2} = \overline{(\partial u_3/\partial x_1)^2}$ im Mittenbereich des Nachlaufs erfüllt sind. Auch in einer Reihe weiterer Arbeiten wurde die turbulente Dissipationsrate unter der Annahme lokaler Isotropie (bzw. unter Hinzunahme weiterer, mehr oder weniger willkürlicher Annahmen) aus der gemessenen Ableitung $\overline{(\partial u_1/\partial x_1)^2}$ bestimmt.

Anstelle der direkten Messung der Ableitungen von Geschwindigkeitsfluktuationen kann auch das Energiespektrum zur Ermittlung der turbulenten Dissipationsrate genutzt werden. Als Folge der von Kolmogorov [45, 46] postulierten Isotropie der Dissipationsskalen bei hohen Reynoldszahlen ergibt sich durch einfache Dimensionsbetrachtungen ein Unterbereich des Energiespektrums mit universellem Verlauf ($E(k) = \alpha\epsilon^{2/3}k^{-5/3}$). Bei bekanntem $\alpha$ kann durch Anpassung dieser Funktion an das gemessene Energiespektrum die turbulente Dissipationsrate ermittelt werden. Diese Methode wurde von Bradshaw [9, 10] ausführlich diskutiert und später in vielen Arbeiten angewendet.

Viele Arbeiten beschäftigten sich in der Folgezeit mit der Gültigkeit der Annahme lokaler Isotropie. Die sicherlich umfangreichsten Untersuchungen in diesem Zusammenhang wurden von Champagne [12] durchgeführt. Er verwendete dafür Daten einer Vielzahl turbulenter Strömungen, darunter Gitterturbulenz, freie Turbulenz (Nachlaufströmung, Trennungsschicht und Freistrahl) und als Vertreter wandgebundener Strömungen die Plattengrenzschicht und die atmosphärische Grenzschichtströmung.

Laufer [51] und Klebanoff [43] bestimmten in einer turbulenten Rohr- bzw. Grenzschichtströmung fünf der insgesamt neun (erforderlichen) Ableitungen der turbulenten Dissipationsrate. Die drei Ableitungen $\overline{(\partial u_1/\partial x_1)^2}$, $\overline{(\partial u_2/\partial x_1)^2}$ und $\overline{(\partial u_3/\partial x_1)^2}$ wurden aus der jeweils gemessenen zeitlichen Ableitung unter Verwendung der Taylorschen Hypothese und die beiden Ableitungen $\overline{(\partial u_1/\partial x_2)^2}$ und $\overline{(\partial u_1/\partial x_3)^2}$ mit Hilfe zweier Normaldrahtsonden ermittelt. Zur Bestimmung der übrigen vier Terme wurden Isotropiebeziehungen herangezogen.

Freymuth & Uberoi [24] bestimmten alle drei Gradienten der Temperaturfluktuationen in einer ebenen Nachlaufströmung und damit direkt die Dissipation der der Temperaturfluktuationen. Die direkte Messung der Dissipation der Temperaturfluktuationen erfolgte später auch durch Tavoularis & Corrsin [79, 80] in einer homogenen Scherströmung, Krishnamoorthy & Antonia [50] in einer turbulenten Grenzschicht sowie Antonia & Browne [2] im ebenen Nachlauf.

Mit Hilfe verschiedener Konfigurationen von X-Drahtpaaren wurden von Browne et al. [11] erstmals alle neun zur Bestimmung der Dissipationsrate erforderlichen Terme in einer ebenen Nachlaufströmung gemessen. Für die Berechnung der turbulenten Dissipationsrate wurde allerdings die in Anhang A angegebene, in dieser Form ungünstige, Definitionsgleichung herangezogen, welche die Messung weiterer drei Terme verlangt. Da diese von den Autoren nicht bzw. nur mit großer Unsicherheit gemessen werden konnten, wurden sie aus Isotropiebeziehungen bestimmt.

George & Hussein [26] und Hussein et al. [35] führten Messungen im achsensymmetrischen Freistrahl bei hohen Reynoldszahlen (Re$\approx 10^5$) durch und bestimmten fünf der neun Dissipationsterme. Um die durch die hohen Turbulenzintensitäten bedingten Fehler zu vermeiden, wurden die eingesetzten Hitzdrahtsonden entgegen der Strömungsrichtung bewegt (*flying hot-wire technique*). Ein ähnliches Experiment, allerdings mit modifizierter Hitzdrahtmeßtechnik führte Hussein [36] im ebenen Freistrahl durch und bestimmte sogar sieben Dissipationsterme. In beiden Arbeiten wurde gezeigt, daß die Annahme lokaler Isotropie nicht gerechtfertigt ist. Die Annahme lokaler Achsensymmetrie stellt hingegen eine deutlich bessere Näherung dar.

Ye [95] verwendete eine ähnliche Meßtechnik wie Browne et al. [11] und bestimmte die Diagonalenkomponenten des Dissipationstensors in einer ebenen Nachlaufströmung. Darüber hinaus zeigte sie, daß die homogene Form der turbulenten Dissipationsrate nahezu identisch mit der exakten Dissipationsrate ist und somit die Messung von neun Geschwindigkeitsableitungen für die Bestimmung der turbulenten Dissipationsrate ausreicht. Außerdem wurde die Bilanz der modellierten Dissipationsgleichung aus den experimentellen Daten berechnet.

Im Zuge der ständig gewachsenden Rechen- und Rechnerleistung sind seit nunmehr fast 20 Jahren Direkte Numerische Simulationen (DNS) als Hilfsmittel für die Turbulenzmodellierung verfügbar. Direkte Numerische Simulationen sind numerische Lösungen der differentiellen dreidimensionalen, instationären Erhaltungsgleichungen ohne zusätzliche Vereinfachungen oder Modelle. Sie haben gegenüber Experimenten den Vorteil, daß - zumindest prinzipiell - jede beliebige Größe oder Funktion berechnet werden kann. Zudem ist meist auch die Genauigkeit besser als im Experiment. Annahmen, die bei der Modellierung getroffen werden, können direkt getestet werden, ohne daß das gesamte Turbulenzmodell implementiert und durch vollständige, aufwendige Strömungsberechnung indirekt getestet werden muß. Besonders wichtig ist die Möglichkeit der Erstellung vollständiger Bilanzgleichungen, beispielsweise für die Reynoldsschen Spannungen, die Dissipationsrate oder andere relevante Größen.

Die Anfänge der Direkten Numerischen Simulationen gehen auf Deardorff [20], Schumann [72] und Orszag [60] zurück. Lumley & Newman [55] waren die ersten, die in großem Umfang Simulationsdaten für die Turbulenzmodellierung verwendeten. Sie versuchten, mit Hilfe der Daten eine bessere Beschreibung des Einflusses von Anisotropien auf die Dynamik der Turbulenz zu erreichen. Bereits 1981 veröffentlichte Rogallo [65] einen umfangreichen Satz Direkter Numerischer Simulationen homogener Turbulenz verschiedener Konfigurationen (mit überlagerter ebener und achsensymmetrischer Deformation, einfacher Scherung, Rotation usw.). Interessanterweise wurde diese bislang mit Abstand ausführlichste numerische Untersuchung homogener Turbulenz erst viele Jahre später in ausführlicher Weise für die Modellentwicklung herangezogen.

Mittlerweile sind die Datensätze aus nahezu einhundert Direkten Numerischen Simulationen verfügbar. Eine ausführliche, wenn auch nicht vollständige, Zusammenstellung gibt der AGARD-Report 1998 [1]. Nahezu alle Weiterentwicklungen in der Turbulenzmodellierung der letzten Jahre basieren auf der Nutzung von DNS-Datensätzen [56, 29, 30, 31, 64, 40]. Die meisten der aufgeführten Datensätze enthalten die Bilanzgleichungen für die Reynoldsschen Spannungen. Nur zwei von ihnen enthalten jedoch die Bilanzgleichung der turbulenten Dissipationsrate. Zweipunktstatistiken, wie sie beispielsweise in der Chou-Kolovandin-Vatutin-Gleichung (2.18) auftreten, können auch mit Hilfe Direkter Numerischer Simulationen nicht bereitgestellt werden. Darüber hinaus ist in einigen wichtigen Details die notwendige Genauigkeit nicht gegeben.

## 1.3 Zielstellung und Überblick

Das Hauptanliegen der Untersuchungen im Rahmen der vorliegenden Arbeit war die experimentelle Verifikation des von Jovanović et al. [41] entwickelten Dissipationsmodells. Die Messungen sollten zudem so erfolgen, daß die untersuchten Strömungen möglichst vollständig dokumentiert werden und die Untersuchungen als Referenzexperimente dienen können.

Die wichtigsten Zielstellungen der Untersuchungen lassen sich wie folgt formulieren:

- Verifikation des analytischen Modells zur Aufteilung des Tensors der Dissipationskorrelationen durch direkte Messung aller Komponenten,
- Verifikation der Modellierung der Produktionsterme der Chou-Kolovandin- Vatutin-Gleichung durch Messung der beiden Produktionsterme $P_\epsilon^1$ und $P_\epsilon^2$ in der Gleichung für die turbulente Dissipationsrate

- Indirekte Verifikation der modellierten Form des turbulenten Transportterms in der Dissipationsgleichung durch Berechnung der einzelnen Terme der Gleichung und Überprüfung des Gleichgewichts

Kapitel 2 behandelt die theoretischen Grundlagen der experimentellen Untersuchungen. Das Dissipationsmodell wird vorgestellt und die für die Modellentwicklung wesentlichen Methoden - die Zweipunkt-Korrelationstechnik und die Invariantentheorie - erläutert. Kapitel 2 widmet sich darüber hinaus den für die Experimente ausgewählten Nachlaufströmungen.

In Kapitel 3 werden die Grundlagen für die experimentelle Bestimmung zeitgemittelter Ableitungen von Geschwindigkeitsfluktuationen behandelt. Neben der Darstellung der dafür erforderlichen Meßtechnik bildet die Analyse des räumlichen Auflösungsvermögens der eingesetzten Sonden und eine Abschätzung und Korrektur der resultierenden Fehler hierbei den Schwerpunkt. Ausgangspunkt der analytischen Betrachtungen ist die Theorie von Wyngaard [93], [94], die in den Arbeiten von von Antonia et al. [3, 4] und Zhu & Antonia [96, 97, 98] noch erweitert wurde. Für alle Meßgrößen werden die entsprechenden Korrekturen abgeleitet und diskutiert.

In Kapitel 4 werden die Versuchseinrichtungen, die Instrumentierung sowie die experimentellen Bedingungen und die angewandten Meßverfahren einschließlich der Sondenkalibrierung beschrieben.

Die Darstellung und Diskussion der Meßergebnisse sowie eine experimentelle Verifikation der in Kapitel 3 abgeleiteten Korrekturen erfolgen in Kapitel 5 für den ebenen Nachlauf sowie in Kapitel 6 für den achsensymmetrischen Nachlauf. Es wird die Bestimmung der Ähnlichkeitsparameter aufgezeigt und die Selbstähnlichkeit der untersuchten Nachlaufströmungen für die einzelnen Größen nachgewiesen. Die Daten werden verschiedenen Tests unterzogen und mit früheren Arbeiten aus der Literatur verglichen. Aus den gemessenen Daten wird die Bilanzgleichung für die turbulente kinetische Energie berechnet. Zudem werden die Annahmen lokaler Isotropie und Achsensymmetrie überprüft.

Kapitel 7 beschreibt die Verifikation des in Kapitel 2 vorgestellten Dissipationsmodells anhand der gemessenen Daten.

Eine Zusammenfassung der wichtigsten Ergebnisse mit einem Ausblick auf mögliche Schwerpunkte weiterführender Arbeiten gibt Kapitel 8.

# 2 Grundlagen

In diesem Kapitel werden die Grundlagen der Modellierung turbulenter Strömungen ausgehend von den zeitlich gemittelten Grundgleichungen behandelt, als Basis der eigenen experimentellen Untersuchungen. Nach einem kurzen Überblick über die verschiedenen Turbulenzmodelle und einer Einordnung der Dissipationsmodellierung in das Gesamtgebiet der Turbulenzmodellierung (Kapitel 2.1.1 und 2.1.2) werden in den Kapiteln 2.1.3 und 2.1.4 die Zweipunkt-Korrelationstechnik und die Invariantentheorie vorgestellt. In Kapitel 2.1.5 erfolgt eine Beschreibung des von Jovanović et al. [40, 41] vorgeschlagenen Dissipationsmodells. Kapitel 2.2 geht auf die für die eigenen Experimente ausgewählten Nachlaufströmungen ein. Da das eigentliche Interesse der Experimente nicht den Nachlaufströmungen selbst, sondern der allgemein in Turbulenzberechnungen verwendeten Dissipationsmodellierung galt,[2] wird nicht die gesamte Theorie der Nachlaufströmungen dargelegt, sondern nur Fragen, die für die spätere Versuchsauswertung eine Rolle spielen. Kapitel 2.2.1 gibt die beschreibenden Erhaltungsgleichungen an und zeigt ihre Vereinfachung durch Anwendung der Grenzschichtannahme. Die Erhaltungsgleichungen können später direkt oder in integraler Form, wie in Kapitel 2.2.2 beschrieben, zur Überprüfung der Meßdaten herangezogen werden. Kapitel 2.2.3 behandelt schließlich die für die Erstellung von Bilanzen wichtigen Ähnlichkeitslösungen im Fernbereich der Nachlaufströmungen.

## 2.1 Modellierung der Dissipationskorrelationen

### 2.1.1 Klassifizierung von Turbulenzmodellen

Für ingenieurtechnische Berechnungen turbulenter Strömungen verwendet man nahezu ausschließlich Einpunkt-Turbulenzmodelle. Als Einpunkt-Turbulenzmodell bezeichnet man einen Satz algebraischer und differentieller Gleichungen, die der Bestimmung der Reynoldsschen Spannungen dienen und in denen nur Statistiken von Feldgrößen an einem Raumpunkt auftreten. Zusammen mit den Reynoldsschen Gleichungen bildet ein solches Turbulenzmodell ein geschlossenes und damit lösbares Gleichungssystem zur numerischen Berechnung turbulenter Strömungen. Einpunkt-Turbulenzmodelle lassen sich in drei Gruppen unterteilen:

- Wirbelviskositätsmodelle
- Differentielle Reynolds-Spannungsmodelle
- Algebraische Reynolds-Spannungsmodelle

Alle Wirbelviskositätsmodelle verwenden die Boussinesq-Approximation, nach der sich die Reynoldsschen Spannungen durch das Produkt aus turbulenter Viskosität $\mu_t$ und

[2] Die Auswahl der Nachlaufströmungen erfolgte in erster Linie aus meßtechnischen Gründen, wie später noch gezeigt wird.

der mittleren Spannungsrate $S_{ij}$ ersetzen lassen. Die turbulente Viskosität $\mu_t$ ist keine Stoffeigenschaft, sondern eine lokale Eigenschaft des Turbulenzfelds. In Analogie zur molekularen Viskosität wird die turbulente Viskosität mit Hilfe eines charakteristischen Längen- und Geschwindigkeitsmaßes modelliert ($\mu_t = \rho C_\mu l_c u_c$). Häufig werden sogenannte Zweigleichungs-Turbulenzmodelle verwendet. Das charakteristische Längen- und Geschwindigkeitsmaß bestimmt man dabei aus jeweils einer eigenen Transportgleichung. Bekanntester Vertreter dieser Gruppe ist das $k$-$\epsilon$-Modell mit $u_c = \sqrt{k}$ und $l_c = k^{3/2}/\epsilon$.

Differentielle Reynolds-Spannungsmodelle benötigen keine Annahmen, wie die Boussinesq-Approximation, da die Reynoldsschen Spannungen direkt aus eigenen Transportgleichungen - den Reynolds-Spannungsgleichungen (1.2) - bestimmt werden. Allerdings treten in den Reynolds-Spannungsgleichungen zusätzliche unbekannte Terme auf (in Gleichung (1.2) als $(i)$, $(ii)$ und $(iii)$ bezeichnet). Um zu einem geschlossenen Gleichungssystem zu gelangen, müssen diese Terme durch bekannte Größen, d.h. Größen aus den Reynoldsschen Gleichungen, ersetzt werden. Die Geschwindigkeit-Druckgradient-Korrelationen lassen sich mit Hilfe der Kontinuitätsgleichung in einen Umverteilungsterm (Druck-Scher-Korrelation) und einen Druck-Diffusionsterm (Druck-Geschwindigkeitskorrelation) aufspalten. Der Umverteilungsterm ist für den Austausch von Energie zwischen den einzelnen Reynolds-Spannungskomponenten verantwortlich. Seine Modellierung ist sehr komplex und hat einen starken Einfluß auf die Bestimmung der Reynolds-Spannungen. Die Druck-Diffusion ist oftmals von geringerer Bedeutung und wird in der Regel zusammen mit den Geschwindigkeitskorrelationen dritter Ordnung (Term $(ii)$) modelliert. Für deren Modellierung wird zumeist ein Gradientendiffusionsansatz gewählt oder ein Quasi-Gleichgewichtsmodell angesetzt, das unter starken Vereinfachungen aus der Transportgleichung für die Dreifach-Geschwindigkeitskorrelationen abgeleitet werden kann (Hanjalić & Launder [32]). Da die turbulente Dissipationsrate aus einer eigenen Transportgleichung bestimmt wird, besteht die Aufgabe der Modellierung der Dissipationskorrelationen neben der Modellierung der einzelnen Terme der Dissipationsgleichung insbesondere in der Beschreibung der Dissipations-Anisotropie. Insgesamt verlangt ein vollständiges Reynolds-Spannungsmodell im allgemeinen Fall neben den Reynoldsschen Gleichungen die Lösung von sieben zusätzlichen Differentialgleichungen für die einzelnen Reynolds-Spannungskomponenten und die turbulente Dissipationsrate.

Nimmt man an, daß der konvektive und diffusive Transport der Reynoldsschen Spannungen proportional dem Transport der turbulenten kinetischen Energie ist (Rodi [63]), so gelangt man zur dritten Gruppe, den algebraischen Reynolds-Spannungsmodellen. Hierbei dienen zur Bestimmung der Reynoldsschen Spannungen algebraische Gleichungen sowie zwei Transportgleichungen für die turbulente kinetische Energie und die turbulente Dissipationsrate. Die oben genannte Annahme ist gleichbedeutend mit der Vernachlässigung der konvektiven und diffusiven Glieder in der Transportgleichung für den Anisotropietensor $a_{ij} = \overline{u_i u_j}/q^2 - \delta_{ij}/3$, woraus sich die algebraischen Bestimmungsgleichungen für die Reynoldsschen Spannungen ableiten lassen. Die Dissipationskorrelationen und die Druck-Scher-Korrelationen müssen ähnlich wie bei den differentiellen Reynolds-Spannungsmodellen durch algebraische Beziehungen ersetzt werden. Gleiches gilt auch für die einzelnen Terme der Turbulenzenergie- und der Dissipationsgleichung.

Die Wahl des jeweils geeigneten Turbulenzmodells bleibt dem Anwender überlassen. Wirbelviskositätsmodelle besitzen aufgrund ihrer Einfachheit und ihrer numerischen „Robustheit" Vorteile, sind aber auf Strömungen beschränkt, die sich näherungsweise im lokalen Gleichgewicht befinden und die im wesentlichen von einer Scherspannungskomponente dominiert werden. Gemäß Kolmogorovs Überlegungen sind diese Einschränkungen sogar noch deutlich weiter zu fassen. Sein $k$-$\omega$-Modell wurde für lokale Isotropie, die verschwindende Anisotropie der Reynoldsschen Spannungen erfordert, abgeleitet. In vielen Strömungen sind die Voraussetzungen für die Anwendbarkeit von Wirbelviskositätsmodellen nicht gegeben.[3] Einige Beispiele hierfür sind Strömungen mit plötzlichen Änderungen der mittleren Scherrate, Drall, starken Stromlinienkrümmungen, Ablösung oder Sekundärströmungen. Eine größere Allgemeingültigkeit bieten die algebraischen Reynolds-Spannungsmodelle. Dennoch dürfen auch hier wegen der Vernachlässigung des konvektiven und diffusiven Transports keine großen Abweichungen vom lokalen Gleichgewicht auftreten, der Einfluß der Turbulenz-Anisotropie wird nur teilweise berücksichtigt. Differentielle Reynolds-Spannungsmodelle schaffen hier Abhilfe, sind aber deutlich aufwendiger. Das numerische Stabilitäts- und Konvergenzverhalten ist oftmals um ein Vielfaches schlechter.

In der vorliegenden Arbeit werden die Dissipationskorrelationen behandelt - eine wichtige Teilaufgabe der Turbulenzmodellierung. Die Spur des Tensors der Dissipationskorrelationen, die turbulente Dissipationsrate $\epsilon$, tritt direkt oder in Form einer abgeleiteten Größe (z.B. $\omega$) in nahezu jedem Turbulenzmodell auf und hat einen entscheidenden Einfluß auf die Ergebnisse der Strömungsberechnung.

### 2.1.2 Überblick wichtiger Entwicklungen der Turbulenzmodellierung

Die Grundlage aller modernen Entwicklungen der statistischen Turbulenztheorie bilden im wesentlichen die Arbeiten von Kolmogorov [45, 46, 47] und Chou [14, 15, 16]. Kolmogorov [45, 46, 47] entwickelte das Konzept der lokalen Isotropie und nutzte es zur Analyse der feinskaligen Turbulenz. Als erster schlug Kolmogorov [47] die Charakterisierung der Turbulenz mit Hilfe der turbulenten kinetischen Energie und der turbulenten Dissipationsrate[4] vor und leitete unter der Voraussetzung lokaler Isotropie das folgende Zweigleichungs-Turbulenzmodell ab:

$$\frac{\partial U_j}{\partial t} + U_i \frac{\partial U_j}{\partial x_i} = -\frac{\partial}{\partial x_j}\left(\frac{P}{\rho} + \frac{2}{3}k\right) + A\frac{\partial}{\partial x_i}\left[\frac{k}{\omega}\left(\frac{\partial U_j}{\partial x_i} + \frac{\partial U_j}{\partial x_i}\right)\right], \tag{2.1}$$

$$\frac{\partial \omega}{\partial t} + U_i \frac{\partial \omega}{\partial x_i} = -\frac{7}{11}\omega^2 + A'\frac{\partial}{\partial x_i}\left[\frac{k}{\omega}\frac{\partial \omega}{\partial x_i}\right], \tag{2.2}$$

[3] Dessen ungeachtet stellen Wirbelviskositätsmodelle die meistverwendeten Turbulenzmodelle dar !

[4] Kolmogorov verwendete in seinem Modell eine charakteristische Frequenz $\omega$ der energietragenden Turbulenzskalen, aus der die turbulente Dissipationsrate bestimmt werden kann: $\epsilon = k\,\omega$.

$$\frac{\partial k}{\partial t} + U_i \frac{\partial k}{\partial x_i} = -k\omega + A\frac{k}{\omega}\left(\frac{\partial U_i}{\partial x_j} + \frac{\partial U_j}{\partial x_i}\right)\frac{\partial U_i}{\partial x_j} + A''\frac{\partial}{\partial x_i}\left[\frac{k}{\omega}\frac{\partial k}{\partial x_i}\right]. \tag{2.3}$$

$A$, $A'$ und $A''$ sind Modellkonstanten, die durch Anpassung an experimentelle Daten bestimmt werden müssen. Als Konsequenz der lokalen Isotropie enthält die $\omega$-Gleichung seines Modells keinen Produktionsterm und ist aus diesem Grunde zur Berechnung praktischer Strömungsprobleme ungeeignet.

Die Modellierung der Dissipationskorrelationen sowie die gesamte Reynolds-Spannungsmodellierung gehen auf die Arbeiten von Chou [14, 15, 16] zurück. Chou klassifizierte die drei unbekannten Terme $(i)$, $(ii)$ und $(iii)$ in den Reynolds-Spannungs-Gleichungen (1.2). Zur Modellierung dieser drei Terme verwendete er die Zweipunkt-Korrelationstechnik und die Annahme lokaler Homogenität. Das von Chou [14] abgeleitete Modell läßt sich in folgende Gleichungen fassen:

$$\begin{aligned}\frac{\partial \overline{u_i u_j}}{\partial t} + U_k \frac{\partial \overline{u_i u_j}}{\partial x_k} &= -\left[\,\overline{u_j u_k}\frac{\partial U_i}{\partial x_k} + \overline{u_i u_k}\frac{\partial U_j}{\partial x_k}\right] - \left[\,a^l_{kij}\frac{\partial U_k}{\partial x_l} + b_{ij}\right] - \frac{\partial \overline{u_i u_j u_k}}{\partial x_k} \\ &\quad -\left[\frac{2\nu C}{\lambda^2}\overline{u_i u_j} - \frac{2\nu q^2}{3\lambda^2}(C-5)\delta_{ij}\right] + \nu\frac{\partial^2 \overline{u_i u_j}}{\partial x_k \partial x_k}\,,\end{aligned} \tag{2.4}$$

$$\frac{\partial}{\partial t}\left(\frac{q^2}{\lambda^2}\right) + U_i\frac{\partial}{\partial x_i}\left(\frac{q^2}{\lambda^2}\right) = \frac{14G}{\lambda^2}\overline{u_i u_k}\frac{\partial U_i}{\partial x_k} + \frac{70F}{3\sqrt{3}}\frac{q^2}{\lambda^2} - \frac{2\nu E}{3}\frac{q^2}{\lambda^4}\,, \tag{2.5}$$

$$\begin{aligned}\frac{\partial \overline{u_i u_k u_l}}{\partial t} + U_j\frac{\partial \overline{u_i u_k u_l}}{\partial x_j} &= -\left[\,\overline{u_j u_k u_l}\frac{\partial U_i}{\partial x_j} + \overline{u_i u_j u_l}\frac{\partial U_k}{\partial x_j} + \overline{u_i u_j u_k}\frac{\partial U_l}{\partial x_j}\right] \\ &\quad -\left[\,\overline{u_k u_l}\frac{\partial \overline{u_i u_j}}{\partial x_j} + \overline{u_i u_l}\frac{\partial \overline{u_j u_k}}{\partial x_j} + \overline{u_i u_k}\frac{\partial \overline{u_j u_l}}{\partial x_j}\right] \\ &\quad -\left[\,b^n_{mikl}\frac{\partial U_m}{\partial x_n} + c_{ikl}\right] + \nu\frac{\partial^2 \overline{u_i u_k u_l}}{\partial x_j \partial x_j}\,.\end{aligned} \tag{2.6}$$

$C$, $E$, $F$ und $G$ sind wiederum Modellkonstanten.

Chous Modell für die Geschwindigkeit-Druckgradient-Korrelationen (dritter und vierter Term auf der rechten Seite von Gleichung (2.4)) basiert auf der integrierten Poisson-Gleichung für den Druckgradienten und einer Taylor-Reihenentwicklung für die in den Volumenintegralen auftretenden Geschwindigkeitsgradienten. Chou [14, 15] diskutierte darüber hinaus die Bestimmung (Parametrisierung) der Volumenintegrale von Zweipunkt-Korrelationsfunktionen (Terme $a^l_{kij}$, $b_{ij}$, $b^n_{mikl}$ und $c_{ikl}$) in den Gleichungen (2.4) und (2.6).

Zur Modellierung der Dissipationskorrelationen verwendete Chou [14] eine Reihenentwicklung der Zweipunkt-Korrelationsfunktion, deren Ableitung eine Beziehung für die Dissipationskorrelationen ergibt. Das Modell der Dissipationskorrelationen (sechster und siebenter Term auf der rechten Seite von Gleichung (2.4)) enthält das Taylorsche Mikrolängenmaß $\lambda$, für das Chou [14] eine eigene Transportgleichung ableitete (Gleichung (2.5)).

Zur Bestimmung der Dreifachkorrelationen (*ii*) schlug Chou [14] die Lösung der Transportgleichung (2.6) vor und zeigte, daß die in dieser Gleichung auftretenden Dissipationsterme sowie die Vierfach-Geschwindigkeitskorrelationen vernachlässigbar sind (vgl. auch Chou [15]). Die Druckgradient-Zweifach-Geschwindigkeitskorrelationen modellierte er in gleicher Weise wie die Geschwindigkeit-Druckgradient-Korrelationen (*i*). Chou [15, 16] demonstrierte seine Modellentwicklungen erfolgreich anhand der turbulenten Kanal- und Grenzschichtströmung.

Rotta [66] verfolgte einen anderen Weg zur Modellierung der Geschwindigkeit-Druckgradient-Korrelationen. Er nutzte die Kontinuitätsgleichung zur Aufteilung der Geschwindigkeit-Druckgradient-Korrelationen in einen Umverteilungsterm (Druck-Scher-Korrelationen) und einen Druck-Diffusionsterm (Druck-Geschwindigkeitskorrelationen). Rottas [66] Modellüberlegungen basierten auf physikalisch begründeten Plausibilitätsargumenten, ergänzt durch Kontinuitätsbedingungen und Isotropieannahmen. Sein Modell der Druck-Scher-Korrelationen weist eine ähnliche Struktur wie Chous [14] Modell auf und enthält eine mit Hilfe der Korrelationsfunktion definierte integrale Länge $\mathcal{L}$. Zur Modellierung der Dissipationskorrelationen verwendete er die Annahme lokaler Isotropie. Die Dissipationsrate bestimmte er aus der einfachen Beziehung $\epsilon \propto q^3/\mathcal{L}$. Für $\mathcal{L}$ leitete Rotta [67] eine eigene Transportgleichung ab. Die Modellkonstanten bestimmte er mit Hilfe experimenteller Daten bzw. unter Hinzunahme von Kontinuitätsbediungungen und Größenordnungsabschätzungen.

Davydov [19] kombinierte die Arbeiten von Chou und Kolmogorov. Er verwendete die Annahme lokaler Isotropie zur Modellierung der Dissipationskorrelationen und formulierte Näherungsbeziehungen für die Geschwindigkeit-Druckgradient-Korrelationen und die Terme in den Transportgleichungen der Geschwindigkeitskorrelationen dritter Ordnung. Darüber hinaus leitete Davydov eine Transportgleichung für die turbulente Dissipationsrate ab und modellierte den Senkenterm dieser Gleichung mit Hilfe der Abklinggesetze isotroper Turbulenz.

In den Arbeiten von Kolovandin & Vatutin [48, 49] wurde die von Chou entwickelte Zweipunkt-Korrelationstechnik aufgegriffen und weiterentwickelt. Die Autoren zeigten, daß sich der Tensor der Dissipationskorrelationen in einen homogenen und einen inhomogenen Anteil aufteilen läßt. Darüber hinaus zeigten die Autoren auf einer analytischen Basis, daß nur für die Spur des homogenen Anteils eine Transportgleichung aufgestellt werden muß. Die Komponenten des Tensors können aus der Spur und den Reynoldsschen Spannungen bestimmt werden.

Ein wichtiges Werkzeug für die Turbulenzmodellierung stellt die von Lumley & Newman [55] entwickelte Invariantentheorie dar. Mit Hilfe dieser Theorie wird die analytische Behandlung der Turbulenz erleichtert und insbesondere die Berücksichtigung der Turbulenz-

Anisotropie bei der Modellierung möglich. Die Invariantentheorie wird in Kapitel 2.1.4 behandelt.

Jovanović et al. [40, 41] kombinierten die Invariantentheorie von Lumley & Newman [55] mit den Arbeiten von Chou [14, 15, 16], Davydov [19] und Kolovandin & Vatutin [48, 49] zur Ableitung eines Modells für die Dissipationskorrelationen und verwendeten dabei in umfangreichem Maße die Daten aus Direkten Numerischen Simulationen. Die Modellierung erfolgte unter Berücksichtigung des Einflusses von Strömungsinhomogenitäten, der Turbulenz-Anisotropie und der sekundären Wirkung der Deformation des mittleren Geschwindigkeitsfelds auf die Dynamik der Dissipationskorrelationen. Das Modell erfüllt sowohl den Kolmogorovschen Grenzfall lokal-isotroper Turbulenz als auch das in bestimmten Gebieten wandgebundener Strömungen vorliegende lokale Gleichgewicht. Die Modellannahmen wurden anhand der DNS-Daten einer Reihe turbulenter Scherströmungen überprüft. Die gute Übereinstimmung des Modells mit DNS-Daten unterstreicht die von Lumley [53] hervorgehobene Bedeutung der Turbulenz-Anisotropie für die Modellierung der Dissipationskorrelationen.

### 2.1.3 Die Zweipunkt-Korrelationstechnik

Ein wichtiges Hilfsmittel für die Entwicklung von Turbulenzmodellen ist die von Chou [14] entwickelte Zweipunkt-Korrelationstechnik. Ihre Bedeutung besteht in der Abtrennung der lokalen Effekte von der gesamten grobskaligen Turbulenzstruktur. Für räumlich begrenzte (lokale) Gebiete können Annahmen und Vereinfachungen getroffen werden, die für das Turbulenzfeld im Ganzen nicht zulässig sind. Auf diese Weise werden die dynamischen Gleichungen der Momente einer physikalischen Interpretation zugänglich. Das soll im folgenden anhand der Dissipationskorrelationen veranschaulicht werden. Betrachtet man das Produkt zweier Geschwindigkeitsschwankungen an beliebigen Punkten A und B im Raum, so hängt diese Korrelation in nicht-homogener Turbulenz sowohl von der Lage der beiden Punkte als auch von deren Abstand ab. Zur Trennung des Einflusses von Position und Abstand führt man neue Variable $\xi_k$ und $(x_k)_{AB}$ ein, wie in Abb. 2.1 dargestellt:

$$\xi_k = (x_k)_B - (x_k)_A\,, \tag{2.7}$$

$$(x_k)_{AB} = \frac{1}{2}[(x_k)_A + (x_k)_B]\,. \tag{2.8}$$

Die partiellen Ableitungen an den Punkten A und B können durch die Ableitungen nach $(x_k)_{AB}$ und $\xi_k$ ersetzt werden (vgl. Hinze [34]):

$$\left(\frac{\partial}{\partial x_k}\right)_A = \left(\frac{\partial}{\partial x_k}\right)_{AB} \frac{\partial (x_k)_{AB}}{\partial (x_k)_A} + \frac{\partial}{\partial \xi_k}\frac{\partial \xi_k}{\partial (x_k)_A} \quad = \quad \frac{1}{2}\left(\frac{\partial}{\partial x_k}\right)_{AB} - \frac{\partial}{\partial \xi_k}\,, \tag{2.9}$$

$$\left(\frac{\partial}{\partial x_k}\right)_B = \left(\frac{\partial}{\partial x_k}\right)_{AB} \frac{\partial (x_k)_{AB}}{\partial (x_k)_B} + \frac{\partial}{\partial \xi_k}\frac{\partial \xi_k}{\partial (x_k)_B} \quad = \quad \frac{1}{2}\left(\frac{\partial}{\partial x_k}\right)_{AB} + \frac{\partial}{\partial \xi_k}\,. \tag{2.10}$$

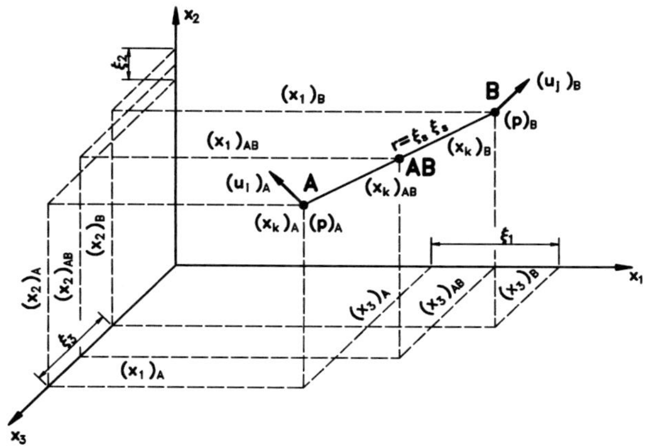


Abb. 2.1: Koordinatensystem zur Beschreibung von Zweipunkt-Korrelationsfunktionen

Die Multiplikation der Gleichungen (2.9) und (2.10) ergibt:

$$\left(\frac{\partial}{\partial x_k}\right)_A \left(\frac{\partial}{\partial x_k}\right)_B = \frac{1}{4}\left(\frac{\partial^2}{\partial x_k \partial x_k}\right)_{AB} - \frac{\partial^2}{\partial \xi_k \partial \xi_k}. \tag{2.11}$$

Der Operator (2.11) wird auf das Produkt der Geschwindigkeitsfluktuationen $(u_i)_A(u_j)_B$ an den Punkten A und B angewendet:

$$\left(\frac{\partial}{\partial x_k}\right)_A \left(\frac{\partial}{\partial x_k}\right)_B (u_i)_A(u_j)_B = \frac{1}{4}\left(\frac{\partial^2}{\partial x_k \partial x_k}\right)_{AB} (u_i)_A(u_j)_B - \frac{\partial^2}{\partial \xi_k \partial \xi_k}(u_i)_A(u_j)_B. \tag{2.12}$$

Die Geschwindigkeiten $(u_i)_A$ und $(u_j)_B$ sind unabhängig von der Ableitung am jeweils anderen Punkt B bzw. A, so daß nach Bildung des zeitlichen Mittelwertes Gleichung (2.12) folgende Form annimmt:

$$\overline{\left(\frac{\partial u_i}{\partial x_k}\right)_A \left(\frac{\partial u_j}{\partial x_k}\right)_B} = \frac{1}{4}\left(\frac{\partial^2}{\partial x_k \partial x_k}\right)_{AB} \overline{(u_i)_A(u_j)_B} - \frac{\partial^2}{\partial \xi_k \partial \xi_k}\overline{(u_i)_A(u_j)_B}. \tag{2.13}$$

Durch Multiplikation von Gleichung (2.13) mit $\nu$ und Bildung des Grenzübergangs A $\rightarrow$ B erhält man (Jovanović et al. [40]):

$$\epsilon_{ij} = \underbrace{\frac{1}{4}\nu \Delta_x \overline{u_i u_j}}_{inhomogen} - \underbrace{\nu(\Delta_\xi \overline{u_i u_j'})_0}_{homogen} \; . \tag{2.14}$$

Der hochgestellte Index $'$ bezeichnet den Wert der Funktion am Punkt B, der tiefgestellte Index $()_0$ steht für $\xi = 0$. Gleichung (2.14) wurde erstmals von Kolovandin & Vatutin [49] abgeleitet.

Aus der Zerlegung (2.14) ergibt sich eine Reihe wichtiger Konsequenzen. Der inhomogene Anteil bedarf keiner Modellierung und ist nur in unmittelbarer Wandnähe von Bedeutung. Wie von Jovanović et al. [40] demonstriert, löst die Aufteilung des Dissipationstensors gemäß Gleichung (2.14) das Problem der in Wandnähe auftretenden extrem steilen Gradienten einzelner Terme der Dissipationsgleichung bzw. der Dissipationskomponenten.

Die Modellierung der Dissipationskorrelationen beschränkt sich auf den homogenen Teil in Gleichung (2.14). Er entspricht der zweiten Ableitung der Zweipunkt-Korrelationsfunktion in ihrem Ursprung ($\xi \to 0$). Da $\epsilon_{ij}$ symmetrisch ist, folgt aus Gleichung (2.14):

$$(\Delta_\xi \overline{u_i u_j'})_0 = (\Delta_\xi \overline{u_j u_i'})_0 \,. \tag{2.15}$$

Die Gültigkeit der Beziehung (2.15) erleichtert die weitere analytische Behandlung der Zweipunkt-Geschwindigkeitskorrelationsfunktion erheblich.

Chou [14] und Kolovandin & Vatutin [49] konnten zeigen, daß die Komponenten des Tensors $(\Delta_\xi \overline{u_i u_j'})_0$ durch seine Spur $(\Delta_\xi \overline{u_s u_s'})_0$ und mit Hilfe der Reynoldsschen Spannungen $\overline{u_i u_j}$ ausgedrückt werden können, so daß nur für die Spur des homogenen Anteils in (2.14) die Lösung einer Transportgleichung erforderlich ist. Die exakte Transportgleichung für $(\Delta_\xi \overline{u_s u_s'})_0$ lautet (vgl. Jovanović et al. [40]):

$$\begin{aligned}
&-\nu\frac{\partial}{\partial t}(\Delta_\xi \overline{u_s u_s'})_0 - \nu U_k \frac{\partial}{\partial x_k}(\Delta_\xi \overline{u_s u_s'})_0 = \frac{\nu}{4}\left[2\overline{u_s u_k}\Delta_x \frac{\partial U_s}{\partial x_k} + (\Delta_x U_k)\frac{\partial}{\partial x_k}\overline{u_s u_s}\right] \\
&+\nu[(\Delta_\xi \overline{u_k u_s'})_0 + (\Delta_\xi \overline{u_s u_k'})_0]\frac{\partial U_s}{\partial x_k} + \nu\left[\left(\frac{\partial}{\partial \xi_l}\overline{u_s u_k'}\right)_0 - \left(\frac{\partial}{\partial \xi_l}\overline{u_k u_s'}\right)_0\right]\frac{\partial^2 U_s}{\partial x_l \partial x_k} \\
&+2\nu\left(\frac{\partial^2}{\partial \xi_l \partial \xi_k}\overline{u_s u_s'}\right)_0 \frac{\partial U_k}{\partial x_l} + \frac{\nu}{2}\frac{\partial}{\partial x_k}[(\Delta_\xi \overline{u_s u_k u_s'})_0 + (\Delta_\xi \overline{u_s u_s' u_k'})_0] \\
&+\nu[\Delta_\xi \frac{\partial}{\partial \xi_k}(\overline{u_s u_s' u_k'} - \overline{u_s u_k u_s'})]_0 + \frac{\nu}{2\rho}\frac{\partial}{\partial x_s}[(\Delta_\xi \overline{p u_s'})_0 + (\Delta_\xi \overline{u_s p'})_0] \\
&-\frac{\nu}{\rho}[\Delta_\xi \frac{\partial}{\partial \xi_s}(\overline{p u_s'} - \overline{u_s p'})]_0 - \frac{1}{2}\nu^2 \Delta_x (\Delta_\xi \overline{u_s u_s'})_0 - 2\nu^2 (\Delta_\xi \Delta_\xi \overline{u_s u_s'})_0 = 0 \,.
\end{aligned} \tag{2.16}$$

Sie enthält 19 Terme, die exakte Transportgleichung der turbulenten Dissipationsrate enthält hingegen nur zehn Terme. In 17 der 19 Terme der Gleichung (2.16) treten Ableitungen von Zweipunkt-Geschwindigkeitskorrelationen bzw. Zweipunkt-Druck-Geschwindigkeitskorrelationen (bei $\xi = 0$) auf. Dennoch ist Gleichung (2.16) für die weitere analytische Behandlung günstiger als die Dissipationsgleichung (A.6), da sie durch Anwendung der Annahme lokaler Homogenität stark vereinfacht werden kann. Für lokal homogene Turbulenz gelten beispielsweise die folgenden Beziehungen:

$$\left.\begin{aligned} \overline{u_s u'_s u'_k} &= -\overline{u_s u_k u'_s}\,, \\ \overline{p u'_s} &= -\overline{u_s p'}\,, \\ \overline{u_s u'_k} &= \overline{u_k u'_s}\,. \end{aligned}\right\} \tag{2.17}$$

Bei Anwendung der Beziehungen (2.17) reduziert sich Gleichung (2.16) auf neun Terme, von denen nochmals drei in der Regel vernachlässigbar sind.

Man kann den Zustand der lokalen Homogenität visuell veranschaulichen: Abb. 2.2 (oben)

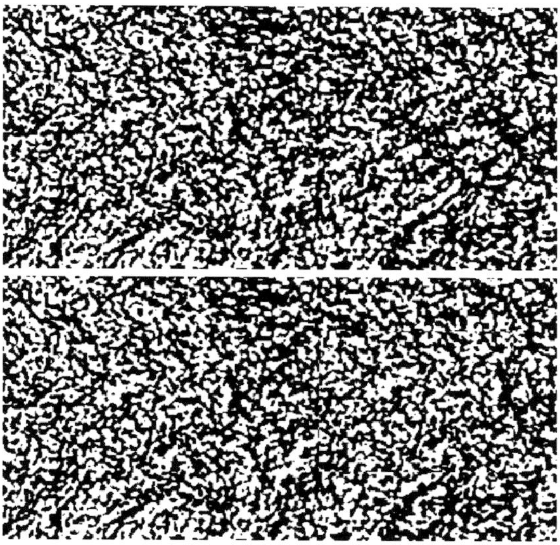

Abb. 2.2: Veranschaulichung lokaler Homogenität anhand der Strömungssichtbarmachung einer turbulenten Nachlaufströmung bei hohen Reynoldszahlen; (oben): Momentanaufnahme eines Strömungsausschnitts; (unten): Strömungsbild nach Verschiebung eines 3.5x2.5cm großen rechteckigen Ausschnitts aus dem linken auf den rechten Bildbereich

zeigt die Momentanaufnahme der Turbulenzstruktur einer turbulenten Scherströmung bei hohen Reynoldszahlen. In Abb. 2.2 (unten) wurde aus dem linken Bildbereich ein 3.5x2.5cm großes rechteckiges Bildstück aus der Strömung ausgeschnitten und auf der rechten Bildseite wieder eingesetzt. Der Umriß des ausgeschnittenen Bildstücks im unteren Bild ist leicht angedeutet. Ist die Turbulenzstruktur lokal homogen, so sollte sich das ausgeschnittene Bildstück an jeder beliebigen Stelle einfügen lassen, ohne daß es zu Störungen des Musters kommt. In der Tat fügt sich der Bildausschnitt auf der rechten Bildhälfte des unteren Bildes ein, ohne daß die Schnittstelle sichtbar wird - ein Indiz für das Vorliegen lokaler Homogenität in dieser Strömung.

Die Anwendbarkeit der Annahme lokaler Homogenität zur Vereinfachung der einzelnen Terme in Gleichung (2.16) wurde von Jovanović et al. [40] mit Hilfe der DNS-Daten einer turbulenten Kanalströmung überprüft. Basierend auf diesen Untersuchungen leiteten die Autoren folgende Näherungsgleichung ab:

$$
\begin{aligned}
-\nu\frac{\partial}{\partial t}(\Delta_\xi\overline{u_s u_s'})_0 - \nu U_k\frac{\partial}{\partial x_k}(\Delta_\xi\overline{u_s u_s'})_0 \simeq & \underbrace{\frac{\nu}{4}\left[2\,\overline{u_s u_k}\Delta_x\frac{\partial U_s}{\partial x_k} + (\Delta_x U_k)\frac{\partial}{\partial x_k}\overline{u_s u_s}\right]}_{1} \\
+ \underbrace{2\nu(\Delta_\xi\overline{u_k u_s'})_0\frac{\partial U_s}{\partial x_k}}_{2} + \underbrace{2\nu\left(\frac{\partial^2}{\partial\xi_l\partial\xi_k}\overline{u_s u_s'}\right)_0\frac{\partial U_k}{\partial x_l}}_{3} & + \underbrace{\frac{\nu}{2}\frac{\partial}{\partial x_k}[(\Delta_\xi\overline{u_s u_k u_s'})_0 + (\Delta_\xi\overline{u_s u_s' u_k'})_0]}_{4} \\
+ \underbrace{\nu[\Delta_\xi\frac{\partial}{\partial\xi_k}(\overline{u_s u_s' u_k'} - \overline{u_s u_k u_s'})]_0}_{5} \underbrace{- 2\nu^2\left(\Delta_\xi\Delta_\xi\overline{u_s u_s'}\right)_0}_{6} & \underbrace{-\frac{\nu^2}{2}\Delta_x(\Delta_\xi\overline{u_s u_s'})_0}_{7}\,. \qquad (2.18)
\end{aligned}
$$

Im Gegensatz zu Kolovandin & Vatutin [49] wurde in Gleichung (2.18) der Term 4, der für lokal homogene Turbulenz verschwindet, beibehalten und konsequenterweise auch für Term 5 keine homogene Form angesetzt, da die DNS-Daten keinen Aufschluß darüber erbringen konnten, ob die Anwendung lokaler Homogenität für diese Terme gerechtfertigt ist. Für nicht-homogene Strömungen spielt der Term 4 eine wichtige Rolle. Die Gültigkeit von (2.18) wurde von Jovanović et al. [40] anhand der DNS-Daten einer turbulenten Kanalströmung verifiziert.

Die dargestellte Zweipunkt-Korrelationstechnik kann auf beliebige andere Terme übertragen werden, beispielsweise auf die Korrelationen (*i*) und (*ii*) in Gleichung (1.2) oder auf die Terme der Dissipationsgleichung (A.6). Dadurch ist es möglich, einen Zusammenhang zwischen den Termen der Dissipationsgleichung und denen der Gleichung (2.16) bzw. (2.18) zu bilden. In Kapitel 7 wird die Zweipunkt-Korrelationstechnik auf die Produktionsterme $P_\epsilon^1$ und $P_\epsilon^2$ (vgl. Anhang A) angewandt, was die experimentelle Verifikation der Modellansätze der Produktionsterme 2 und 3 in Gleichung (2.18) ermöglicht.

Allerdings kann man mit der Zweipunkt-Korrelationstechnik allein nicht zu einem vollständigen Turbulenzmodell gelangen. Gleichung (2.18) ist nicht geschlossen. Alle Terme auf der rechten Seite, ausgenommen die Terme 1 und 7, müssen modelliert werden. Hierfür bietet sich die von Lumley & Newman [55] vorgeschlagene Invariantentheorie an, auf die nachfolgend kurz eingegangen werden soll.

### 2.1.4 Die Invariantentheorie

Die Grundidee dieser Theorie ist eine quantitative Beschreibung der Anisotropie der Turbulenz. Als Maß für die Anisotropie führten Lumley & Newman [55] den Anisotropietensor

$$a_{ij} = \frac{\overline{u_i u_j}}{q^2} - \frac{1}{3}\delta_{ij} \tag{2.19}$$

ein. Alle Komponenten dieses Tensors verschwinden für isotrope Turbulenz. Ist eine Normalspannungskomponente gleich Null (wie beispielsweise die wandnormale Geschwindigkeitsschwankung $\overline{u_2^2}$ in unmittelbarer Wandnähe), so hat die entsprechende Komponente des Anisotropietensors den Wert -1/3. Fällt die gesamte turbulente kinetische Energie auf eine einzige Komponente (Einkomponenten-Turbulenz), so beträgt die Anisotropie dieser Komponente 2/3. Trägt man die beiden skalaren Invarianten,

$$\left.\begin{aligned} II &= a_{ij}a_{ji}\,, \\ III &= a_{ij}a_{ik}a_{jk}\,, \end{aligned}\right\} \tag{2.20}$$

von $a_{ij}$ gegeneinander auf, so erhält man die in Abb. 2.3 dargestellte Anisotropie-Invariantenkarte. Alle möglichen Anisotropiezustände der Turbulenz liegen innerhalb eines endlichen Gebietes in der $II$-$III$-Ebene, dessen Begrenzung die achsensymmetrische Turbulenz,

$$II = \frac{3}{2}\left(\frac{4}{3}|III|\right)^{2/3}, \tag{2.21}$$

und die Zweikomponenten-Turbulenz,

$$II = \frac{2}{9} + 2III, \tag{2.22}$$

bilden. Die Bedeutung der Invariantenkarte liegt darin, daß sich der Wert einer bestimmten Größe für jeden Punkt innerhalb der Karte durch geeignete Interpolation näherungsweise angeben läßt, wenn die entsprechende Größe an den Randpunkten des Diagramms bekannt ist. In vielen Fällen ist die analytische Behandlung der Turbulenz an den Randpunkten einfacher als im allgemeinen Fall. Zur Interpolation zwischen den Randpunkten entlang der Grenzkurve achsensymmetrischer Turbulenz kann aus den Gleichungen (2.21) und (2.22) die Funktion $G$ gebildet werden:

$$G = 1 - 9\left[\frac{3}{4}(\frac{4}{3}|III|)^{2/3} - III\right]. \tag{2.23}$$

$G$ hat für isotrope Turbulenz den Wert 1 und verschwindet in isotroper Zweikomponenten-Turbulenz sowie in Einkomponenten-Turbulenz. Damit läßt sich ein beliebige Größe $Y$ entlang der Grenzkurve achsensymmetrischer Turbulenz wie folgt approximieren:

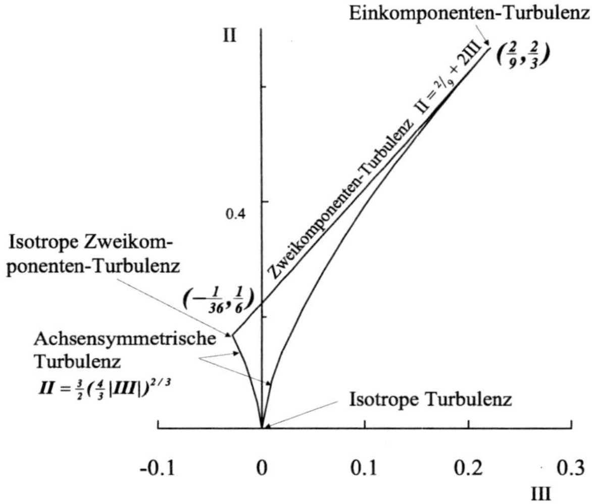


Abb. 2.3: Anisotropie-Invarianten-Karte nach Lumley & Newman [55] und Grenzwerte der skalaren Invarianten $II$ und $III$ des Anisotropietensors $a_{ij}$. Jeder physikalisch mögliche Anisotropiezustand einer turbulenten Strömung muß innerhalb des von den Grenzkurven der achsensymmetrischen Turbulenz und der Zweikomponenten-Turbulenz eingeschlossenen Gebietes liegen.

$$(Y)_{axi} = \begin{cases} (1-G)(Y)_{1C} + G(Y)_{iso} & : \quad III > 0 \\ (1-G)(Y)_{2C-iso} + G(Y)_{iso} & : \quad III < 0 \end{cases} \tag{2.24}$$

In analoger Weise wird $Y$ entlang der Grenzkurve der Zweikomponenten-Turbulenz $(Y)_{2C}$ zwischen den beiden Randpunkten Einkomponenten-Turbulenz und isotrope Zweikomponenten-Turbulenz interpoliert. Innerhalb der Invariantenkarte kann $Y$ schließlich durch Interpolation zwischen den Grenzkurven der achsensymmetrischen Turbulenz und der Zweikomponenten-Turbulenz approximiert werden:

$$Y = (1-F)(Y)_{2C} + F(Y)_{axi}\,, \tag{2.25}$$

mit

$$F = \frac{1 - 9(\frac{1}{2}II - III)}{1 - 9\left[\frac{3}{4}\left(\frac{4}{3}|III|\right)^{2/3} - III\right]}\,. \tag{2.26}$$

Die Funktion $F$ hat in achsensymmetrischer Turbulenz den Wert 1 und verschwindet für Zweikomponenten-Turbulenz. Ist der Wert einer Turbulenzgröße an den drei Randpunkten bekannt, so kann mit Hilfe des angedeuteten Interpolationsverfahrens der Wert der entsprechenden Größe an jedem Punkt in der Invariantenkarte und damit für jeden möglichen Anisotropiezustand der Strömung angegeben werden. Auf diese Weise läßt sich auf physikalisch fundierter Grundlage der Einfluß der Anisotropie auf die Turbulenzdynamik berücksichtigen.

### 2.1.5 Das Dissipationsmodell

Mit Hilfe der im vorangegangenen Kapitel vorgestellten Invariantentheorie ist es nun auf verhältnismäßig einfache Weise möglich, Näherungsbeziehungen für die einzelnen Terme in Gleichung (2.18) zu formulieren, ohne die komplizierte Dynamik der Zweipunkt-Korrelationen im Detail betrachten zu müssen.

Mit zunehmender Reynoldszahl dominieren die Terme mit höheren Ableitungen (Terme 5 und 6). Ihre Summe bildet einen Senkenterm. Davydov [19] und Kolovandin & Vatutin [49] entwickelten folgenden Modellansatz für die Summe dieser beiden Terme in homogener isotroper Turbulenz:

$$(T_s)_{iso} = \nu \left[ \Delta_\xi \frac{\partial}{\partial \xi_k} \left( \overline{u_s u_s' u_k'} - \overline{u_s u_k u_s'} \right) \right]_0 - 2\nu^2 \left( \Delta_\xi \Delta_\xi \overline{u_s u_s'} \right)_0 \simeq -\frac{7\sqrt{3}}{90} f_\epsilon \frac{\epsilon_h^2}{k}, \qquad (2.27)$$

mit

$$f_\epsilon = \frac{54\sqrt{3}}{7} [1 - \exp(-0.07505 Re_\lambda)] . \qquad (2.28)$$

Jovanović et al. [40] verallgemeinerten mit Hilfe der Invariantentheorie die Anwendbarkeit des Ausdrucks (2.27) auf beliebige nicht-isotrope Strömungen:

$$(T_s) = -\psi(Re_\lambda, II, III) \frac{\epsilon_h^2}{k} . \qquad (2.29)$$

Die Funktion $\psi$ hängt von der Reynoldszahl und den Anisotropie-Invarianten ab und wird durch Interpolation zwischen den Grenzzuständen achsensymmetrischer Turbulenz und Zweikomponenten-Turbulenz bestimmt (siehe Abb. 2.4):

$$\psi = (1 - F)\psi_{2C} + F\psi_{axi} . \qquad (2.30)$$

Die Funktion $F = F(II, III)$, die als Gewichtungsfaktor dient, wurde in Kapitel 2.1.4 definiert.

Zur Modellierung der Ableitungen zweiter Ordnung der Zweipunkt-Geschwindigkeitskorrelationen (betrifft die Terme 2 und 3 in Gleichung (2.18) sowie die Komponenten des Dissipationstensors) leiteten Jovanović et al. [41] basierend auf den Arbeiten von

Chou [14] und Kolovandin & Vatutin [49] eine Näherungsgleichung für die Zweipunkt-Korrelationsfunktion in homogener Turbulenz ab:

$$\begin{aligned}\overline{u_i u_j'} &= \frac{1}{3}q^2 R_{ij} + \frac{1}{3}q^2 \rho_{ss}\{(\frac{1}{2} - 2e)\xi_i\xi_j - R_{mn}(\frac{1}{6}c + \frac{5}{2}e)\xi_m\xi_n\delta_{ij} \\ &- (1 - \frac{5}{2}e)r^2\delta_{ij} + \frac{1}{6}cr^2 R_{ij} + e(R_{ip}\xi_p\xi_j + R_{jp}\xi_p\xi_i)\} + \frac{1}{6}fr^2\tilde{S}_{ij} \\ &- (\frac{1}{6}f + \frac{5}{2}t)\tilde{S}_{ij}\xi_m\xi_n\delta_{ij} + t(\tilde{S}_{ij}\xi_p\xi_j + \tilde{S}_{jp}\xi_p\xi_i) + \cdots\}\,. \end{aligned} \tag{2.31}$$

Durch Anwendung des Laplace-Operators $\Delta_\xi$ erhält man folgenden Ausdruck für den homogenen Teil des Dissipationstensors:

$$\epsilon_{ij}^h = \epsilon_h\,[\frac{1}{3}\delta_{ij} \underbrace{-\frac{1}{15}(4e+c)}_{A/3}(R_{ij} - \delta_{ij}) \underbrace{-\frac{1}{15}(4t+f)}_{B}\tilde{S}_{ij}]\,. \tag{2.32}$$

Die skalaren Funktionen $A$ und $B$ wurden mit Hilfe der Invariantentheorie unter Hinzunahme von DNS-Daten bestimmt. Sie sind Funktionen der Turbulenz-Anisotropie ($A = A(II, III)$, $B = B(II, III)$). Die Grenzwerte von $A$ an den Randpunkten der Anisotropie-Invariantenkarte sind in Abb. 2.4 dargestellt. Die Invariantenfunktion $B$ spielt nur für Strömungsgebiete mit hohen Scherraten, beispielsweise in Wandnähe, eine Rolle. Für Details ihrer Modellierung sei auf Jovanović et al. [41] verwiesen. Aus den Gleichungen (2.32) und (2.14) läßt sich eine Bestimmungsgleichung für die Komponenten des Dissipationstensors ableiten.

Der Produktionsterm 2 in (2.18) ist durch Gleichung (2.32) automatisch modelliert. Zur Modellierung des Produktionsterms 3,

$$2\nu(\frac{\partial^2}{\partial\xi_k\partial\xi_l}\overline{u_s u_s'})_0\frac{\partial U_k}{\partial x_l} \simeq -\frac{1}{5}(c+11e)\frac{\epsilon_h\overline{u_k u_l}}{k}\frac{\partial U_k}{\partial x_l} - \frac{2}{15}(f+11t)\sqrt{5\nu\epsilon_h}S_{lk}\frac{\partial U_k}{\partial x_l}\,, \tag{2.33}$$

müssen die skalaren Koeffizienten $c$, $e$, $f$ und $t$ bestimmt werden. Jovanović et al. [41] zeigten anhand von DNS-Daten, daß außerhalb des unmittelbaren Wandbereiches gilt:

$$\left.\begin{aligned} -\frac{1}{5}(c+11e) &\simeq -A\,, \\ -\frac{2}{15}(f+11t) &\simeq 0\,. \end{aligned}\right\} \tag{2.34}$$

Die Ableitungen zweiter Ordnung der Zweipunkt-Geschwindigkeitskorrelationen dritter Ordnung (Term 4), auf die das Konzept der lokalen Homogenität nicht anwendbar ist, wurden anhand der Bilanz der turbulenten kinetischen Energie einer turbulenten Kanalströmung in der Mitte des Kanals modelliert:

$$\frac{\nu}{2}\frac{\partial}{\partial x_k}[(\Delta_\xi\overline{u_s u_k u_s'})_0 + (\Delta_\xi\overline{u_s u_s' u_k'})_0] \simeq -\frac{7\sqrt{3}}{180}\frac{\partial}{\partial x_k}f_\epsilon J\frac{\epsilon_h}{k}\overline{q^2 u_k}\,. \tag{2.35}$$

Um die Gültigkeit des Modellansatzes (2.35) für beliebige Anisotropiezustände zu erweitern, ist $J$ wiederum eine Funktion der Invarianten $II$ und $III$ (vgl. Abb. 2.4).

Das von Jovanović et al. [41] vorgeschlagene Modell für die Dissipationskorrelationen weist damit die folgende Struktur auf:[5]

$$\epsilon = \frac{1}{2}\nu\Delta_x k + \epsilon_h$$

$$\frac{\partial\epsilon_h}{\partial t} + U_k\frac{\partial\epsilon_h}{\partial x_k} = \underbrace{-2A\frac{\epsilon_h\overline{u_k u_s}}{k}\frac{\partial U_s}{\partial x_k}}_{\text{Produktion}} \underbrace{-\psi\frac{\epsilon_h^2}{k}}_{\text{Senke}} \underbrace{-\frac{7\sqrt{3}}{180}\frac{\partial}{\partial x_k}\left(f_\epsilon J\frac{\epsilon_h}{k}\overline{q^2 u_k}\right)}_{\text{Turb. Transport}} + \underbrace{\frac{1}{2}\nu\Delta_x\epsilon_h}_{\text{Visk. Diff.}}$$

$$\epsilon_{ij} = \frac{1}{4}\nu\Delta_x\overline{u_i u_j} + \epsilon_h\left[\frac{1}{3}(1-A)\delta_{ij} + A\frac{\overline{u_i u_j}}{q^2} + B\tilde{S}_{ij}\right]$$

$$\epsilon_{ij} = \nu\overline{\frac{\partial u_i}{\partial x_k}\frac{\partial u_j}{\partial x_k}} \qquad \epsilon = \nu\overline{\frac{\partial u_i}{\partial x_k}\frac{\partial u_i}{\partial x_k}} \qquad k = \frac{q^2}{2} = \frac{1}{2}\overline{u_s u_s}$$

$$a_{ij} = \frac{\overline{u_i u_j}}{q^2} - \frac{1}{3}\delta_{ij} \qquad II = a_{ij}a_{ji} \qquad III = a_{ik}a_{kj}a_{ij}$$

$$\epsilon_h = 5\nu\frac{q^2}{\lambda^2} \qquad R_\lambda = \frac{q\lambda}{\nu} \qquad f_\epsilon = f_\epsilon(Re_\lambda)$$

$$A = A(II, III, R_\lambda) \qquad J = J(II, III) \qquad \psi = \psi(II, III, R_\lambda) \tag{2.36}$$

Die Werte der Funktionen $A$, $\psi$ und $J$ an den Randpunkten der Anisotropie-Invariantenkarte lassen sich analytisch angeben oder unter Hinzunahme von DNS-Daten ableiten. Sie sind in Abb. 2.4 dargestellt. Aus den Randpunkten kann die Verteilung der Funktionen entlang der Grenzkurven approximiert oder teilweise sogar exakt angegeben werden. Der Wert der Funktionen für Punkte innerhalb der Karte ergibt sich gemäß der in Kapitel 2.1.4 dargestellten Form.

Das Dissipationsmodell (2.36) soll im folgenden kurz mit einem Standard-Dissipationsmodell aus der Literatur verglichen werden. Typischerweise wird bei der Modellentwicklung unmittelbar von der Dissipationsgleichung (A.6) ausgegangen. Da die analytische Behandlung dieser Gleichung schwierig ist, erfolgt die Modellierung der einzelnen Terme oftmals mehr oder weniger „intuitiv".

[5] Der Produktionsterm der $\epsilon_h$-Gleichung enthält im allgemeinen einen zusätzlichen Ausdruck, $-2B\sqrt{5\nu\epsilon_h}S_{ik}\frac{\partial U_i}{\partial x_k}$, der jedoch nur in unmittelbarer Wandnähe bzw. bei sehr hohen Scherraten eine Rolle spielt!

Jakirlić & Hanjalić [38] bzw. Jakirlić [37]) geben das folgende Modell für die Dissipationskorrelationen an:

$$\frac{\partial \epsilon}{\partial t} + U_k \frac{\partial \epsilon}{\partial x_k} = -C_{\epsilon 1} \frac{\epsilon \overline{u_i u_k}}{k} \frac{\partial U_i}{\partial x_k} - C_{\epsilon 2} f_\epsilon \frac{\epsilon \tilde{\epsilon}}{k} + C_{\epsilon 3} \nu \frac{k}{\epsilon} \overline{u_j u_k} \frac{\partial^2 U_i}{\partial x_j \partial x_l} \frac{\partial^2 U_i}{\partial x_k \partial x_l}$$

$$+ \frac{\partial}{\partial x_k} \left( C_\epsilon \frac{k}{\epsilon} \overline{u_k u_l} \frac{\partial \epsilon}{\partial x_l} \right) + \nu \Delta_x \epsilon$$

$$\epsilon_{ij} = \epsilon \left[ f_s \frac{\overline{u_i u_j} + (\overline{u_i u_k} n_j n_k + \overline{u_j u_k} n_i n_k + \overline{u_k u_l} n_k n_l n_i n_j) f_d}{q^2 + 3\, \overline{u_p u_q} n_p n_q f_d} + (1 - f_s) \frac{\delta_{ij}}{3} \right]$$

$$f_\epsilon = 1 - \frac{C_{\epsilon 2} - 1.4}{C_{\epsilon 2}} \exp[-(\frac{1}{6} Re_t)^2] \quad f_d = (1 + 0.1 Re_t)^{-1} \quad f_s = 1 - \sqrt{A'} E'^2$$

$$\tilde{\epsilon} = \epsilon - 2\nu \frac{\partial \sqrt{k}}{\partial x_2} \quad Re_t = \frac{k^2}{\nu \epsilon} \quad A' = 1 - (II/2 - III) \quad E' = 1 - (II_e/2 - III_e)$$

$$C_\epsilon = 0.18 \quad C_{\epsilon 1} = 1.44 \quad C_{\epsilon 2} = 1.92 \; C_{\epsilon 3} = 0.25 \tag{2.37}$$

Die Struktur der beiden Modelle (2.36) und (2.37) ist zwar sehr ähnlich, dennoch sind deutliche Unterschiede vorhanden: In Gleichung (2.37) fehlt die Abtrennung des inhomogenen Anteils der Dissipationskorrelationen, weswegen der korrekte asymptotische Verlauf der Dissipationskorrelationen nahe der Wand durch Einführung von Einheitsvektoren ($n_i, n_j, ...$) erzwungen werden muß. Am Beispiel der turbulenten Kanalströmung läßt sich zeigen, daß die einzelnen Terme der Dissipationsgleichung des Modells (2.37) im wandnahen Bereich einen falschen Verlauf aufweisen. Allerdings sind die Modellfehler derart aufeinander abgestimmt, daß die Integration der Dissipationsgleichung die turbulente Dissipationsrate näherungsweise richtig wiedergibt.

Der Einfluß der Turbulenz-Anisotropie auf die Dissipationskorrelationen ist in Gleichung (2.37) praktisch nur mittels der Einheitsvektoren formuliert. Außerhalb des wandnahen Bereichs (beispielsweise in freier Turbulenz) wird überhaupt keine Anisotropie modelliert. Der Einfluß der Turbulenz-Anisotropie auf die Dynamik des Dissipationsprozesses wird nicht berücksichtigt: Anstelle der Invariantenfunktionen $A$, $\psi$ und $J$ enthält (2.37) die Konstanten $C_{\epsilon 1}$, $C_{\epsilon 2}$, $C_{\epsilon 3}$ und $C_\epsilon$.

Trotz der angedeuteten Vorteile bedarf das Modell (2.36) noch weiterer Verifizierungen und einer zusätzlichen Untermauerung zugrundeliegender Modellannahmen. Letzteres betrifft insbesondere die Modellierung des zweiten Produktionsterms (3) in Gleichung (2.18), vgl. die Beziehungen (2.34). Offene Fragen bestehen auch teilweise hinsichtlich der analytischen Struktur der Invariantenfunktionen $A$, $\psi$ und $J$. Während $A$ sowohl direkt als auch in modellierter Form experimentell bestimmt werden kann, sind für $J$ Aussagen

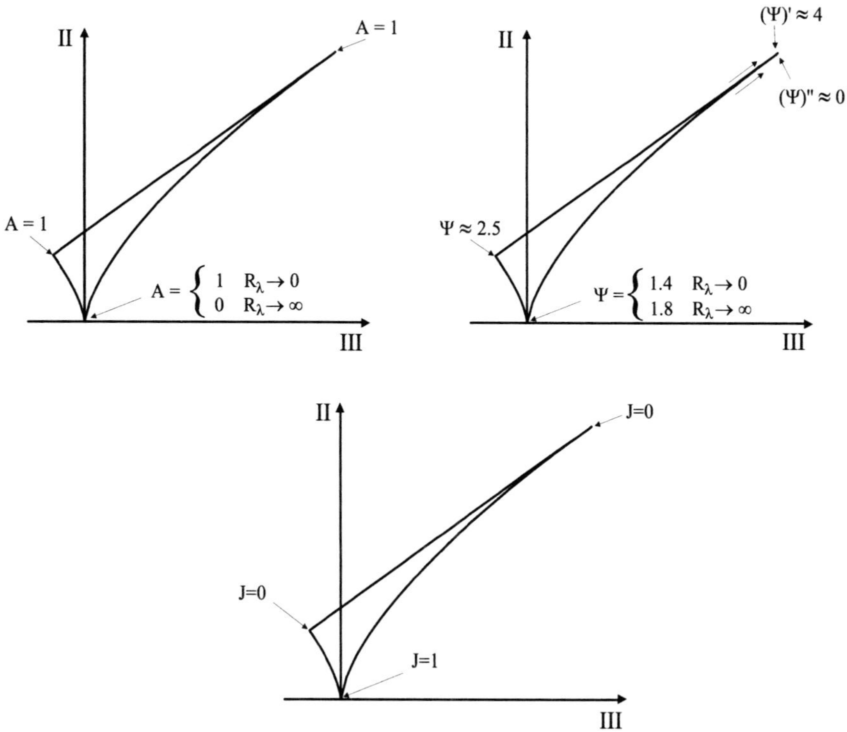


Abb. 2.4: Grenzwerte der skalaren Funktionen $A$, $\psi$ und $J$ für verschiedene Turbulenz-Anisotropiezustände

nur indirekt über das Gleichgewicht der Dissipationsgleichung möglich. Von besonderer Bedeutung ist in diesem Zusammenhang das Gleichgewicht der turbulenten Dissipationsrate im inneren Bereich der Nachlaufströmungen, d.h. nahe der Nachlaufachse. Anhand der experimentellen Daten soll schließlich die Modellierung des Einflusses der Turbulenz-Anisotropie auf die Dissipationskorrelationen durch Vergleich der direkt gemessenen und der aus Gleichung (2.36) bestimmten Komponenten des Dissipationstensors überprüft werden.

Für alle genannten Ziele ist die Messung zeitlich gemittelter Ableitungen von Geschwindigkeitsfluktuationen erforderlich. Wie in Kapitel 3.2 noch ausführlich dargestellt wird, sind die Auflösungsanforderungen für derartige Messungen sehr hoch - die Sondenabmessungen müssen von der Größenordnung des Kolmogorovschen Mikrolängenmaßes sein. Die Auflösung der Standard-Hitzdrahtmeßtechnik beträgt etwa 1mm, so daß auch das Kolmogorovsche Mikrolängenmaß der Strömung nicht wesentlich unter diesem Wert liegen darf. Daraus ergeben sich Konsequenzen für die Auswahl der zu untersuchenden Strömung. Im Labor realisierbare Wandgrenzschichten erfüllen diese Anforderungen nicht. Wandgebundene turbulente Strömungen weisen darüber hinaus aus meßtechnischer Sicht eine Reihe weiterer ungünstiger Eigenschaften auf. So treten in Wandnähe hohe Turbulenzgrade und aufgrund starker Turbulenz-Inhomogenitäten sehr steile Gradienten aller Turbulenzstatistiken auf, die einen Einsatz von X-Drahtsonden nicht zulassen, vgl. hierfür Tutu & Chevray [85], Tagawa et al. [78], Zhu & Antonia [97, 98] und Zhu et al. [96].

Die Wahl fiel daher auf freie Scherströmungen, von denen allerdings Freistrahlen wegen der hohen Turbulenzgrade wiederum ausschieden. Als optimal erwiesen sich schließlich die gegenüber den Trennungsschichten stabileren und einfacher realisierbaren Nachlaufströmungen. Durch geeignete Wahl der Strömungsbedingungen mußten lediglich die Längenmaße der Nachlaufströmung an die Meßtechnik angepaßt werden. Zu diesem Zweck wurden kleine Zylinder- bzw. Kugeldurchmesser sowie geringe Anströmgeschwindigkeiten gewählt. Die endgültigen Abmessungen und Strömungsgeschwindigkeiten ergaben sich anhand überschlägiger Berechnungen unter Verwendung von Literaturdaten sowie unter Berücksichtigung der Windkanalabmessungen. Die genauen Versuchsbedingungen werden in Kapitel 4 beschrieben.

## 2.2 Turbulente Nachlaufströmungen

Eine Besonderheit freier Turbulenz, zu der die Nachlaufströmungen zählen, soll den nachfolgenden Ausführungen vorangestellt werden: Aufgrund der fehlenden Begrenzungen durch feste Wände kommt es bei freien Scherströmungen zu einem ständigen Eindringen nichtturbulenten Fluids in das Turbulenzgebiet. Dieser Vorgang wird im Englischen als *Entrainment* bezeichnet und führt zu den „unregelmäßig verformten, scharfen Begrenzungen zwischen Turbulenzfeld und drehungsfreier Strömung“ (vgl. Rotta [68]). Gleichzeitig nimmt auch die Breite des Turbulenzgebietes ständig zu. Man kann sich also das gesamte Strömungsgebiet in drei Bereiche unterteilt vorstellen:

- Vollturbulentes Gebiet mit vorhandener Wirbelbewegung
- Übergangsgebiet mit wechselndem Auftreten turbulenter und nichtturbulenter Strömungszustände
- Nichtturbulentes Gebiet ohne Wirbelbewegung

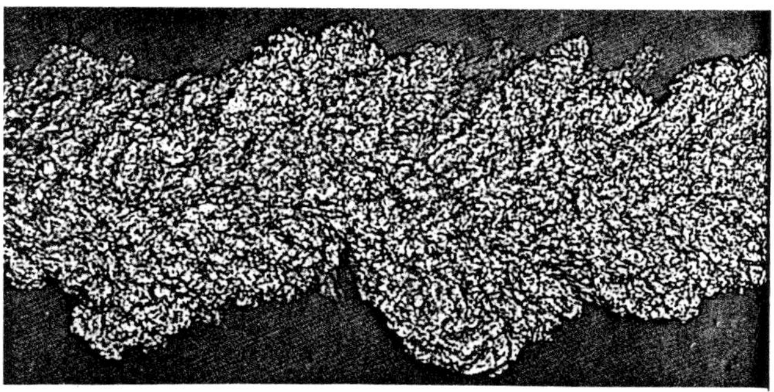

Abb. 2.5: Turbulenter Nachlauf hinter einem Projektil (aus van Dyke [90])

Abb. 2.5 zeigt als Beispiel einer freien Scherströmung die Momentanaufnahme des Nachlaufs einer Kugel bei hohen Reynoldszahlen. Die Kugel fliegt mit Überschallgeschwindigkeit und ist zum Zeitpunkt der Fotografie bereits einige Hundert Durchmesser vom dargestellten Nachlaufgebiet entfernt. Der scharfe Übergang zwischen turbulentem und nichtturbulentem Gebiet ist deutlich zu erkennen.

Aufgrund der ständigen Verformung der Begrenzungen des Turbulenzgebietes sind die Übergänge zwischen den einzelnen Bereichen kontinuierlich. Sie können durch den Intermittenzfaktor charakterisiert werden. Der Intermittenzfaktor entspricht der Wahrscheinlichkeit, an einer bestimmten örtlichen Position im Strömungsgebiet Turbulenz anzutreffen. Er hat im vollturbulenten Gebiet den Wert 1 und geht im Außenbereich auf Null zurück. Abbildung 2.6 zeigt die Verteilung des Intermittenzfaktors im ebenen Nachlauf nach Messungen von Townsend [83].

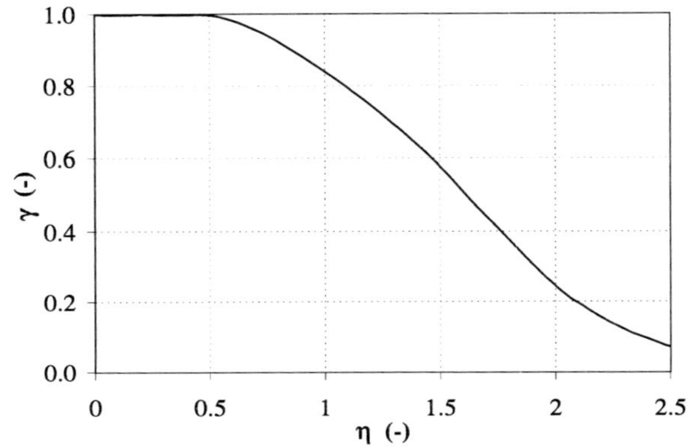


Abb. 2.6: Verteilung des Intermittenzfaktors im ebenen Nachlauf eines Kreiszylinders nach Messungen von Townsend [83]

Das im vorangegangenen Kapitel vorgestellte Modell berücksichtigt den Entrainment-Prozeß nicht, was jedoch nicht zwangsläufig bedeutet, daß das Modell in intermittenten Strömungsgebieten völlig versagt. Allerdings ist - da wichtige Transportmechanismen fehlen - bei zunehmender Intermittenz auch mit steigenden Abweichungen zu rechnen. Aus diesem Grunde sind insbesondere die Meßwerte aus dem „inneren" Bereich der Strömung für die Validierung des Modells von Bedeutung.

### 2.2.1 Grundgleichungen

*Reynoldssche Gleichungen*

Nachlaufströmungen in einiger Entfernung hinter angeströmten Körpern gehören zu den sogenannten „schlanken" Strömungen. Das charakteristische Merkmal dieser Strömungen ist ein kleiner Längenmaßstab in Querrichtung im Vergleich zum Längenmaßstab in Hauptströmungsrichtung, oder anders ausgedrückt, eine langsame Änderung der Breite des Turbulenzgebietes. Definiert man die Dicke des Nachlaufgebietes (zunächst noch unscharf formuliert) mit $L$, so ergibt sich aus der letztgenannten Eigenschaft:

$$\left| \frac{dL}{dx_1} \right| \ll 1. \tag{2.38}$$

Aus Gleichung (2.38) folgt wiederum, daß Gradienten in Querrichtung deutlich größer als die entsprechenden Gradienten in Hauptströmungsrichtung sind. Diese Eigenschaften erlauben die Anwendung der Grenzschichtvereinfachungen auf die zeitlich gemittelten Strömungsgleichungen. Im ebenen Fall lauten die Kontinuitäts- und die Reynoldsschen Gleichungen in allgemeiner Form:

$$\frac{\partial U_1}{\partial x_1} + \frac{\partial U_2}{\partial x_2} = 0\,, \tag{2.39}$$

$$U_1 \frac{\partial U_1}{\partial x_1} + U_2 \frac{\partial U_1}{\partial x_2} = -\frac{1}{\rho}\frac{\partial P}{x_1} - \frac{\partial \overline{u_1^2}}{\partial x_1} - \frac{\partial \overline{u_1 u_2}}{\partial x_2} + \nu \left( \frac{\partial^2 U_1}{\partial x_1^2} + \frac{\partial^2 U_1}{\partial x_2^2} \right)\,, \tag{2.40}$$

$$U_1 \frac{\partial U_2}{\partial x_1} + U_2 \frac{\partial U_2}{\partial x_2} = -\frac{1}{\rho}\frac{\partial P}{x_2} - \frac{\partial \overline{u_2^2}}{\partial x_2} - \frac{\partial \overline{u_1 u_2}}{\partial x_1} + \nu \left( \frac{\partial^2 U_2}{\partial x_1^2} + \frac{\partial^2 U_2}{\partial x_2^2} \right)\,. \tag{2.41}$$

Aus der Impulsgleichung für die Querkomponente $U_2$ kann man die folgende Gleichung für den Verlauf des statischen Drucks im Nachlauf gewinnen, wenn alle Glieder der Ordnung $dL/dx_1$ vernachlässigt werden,

$$P = P_\infty - \rho \overline{u_2^2}\,. \tag{2.42}$$

$P_\infty$ ist der Druck in der Außenströmung. Setzt man Gleichung (2.42) in (2.40) ein, so erhält man wegen der Abwesenheit des Druckgradienten $dP_\infty/dx_1$ für die zeitlich gemittelte Impulsgleichung in $x_1$-Richtung:

$$U_1 \frac{\partial U_1}{\partial x_1} + U_2 \frac{\partial U_1}{\partial x_2} = -\frac{\partial \overline{u_1 u_2}}{\partial x_2} - \frac{\partial (\overline{u_1^2} - \overline{u_2^2})}{\partial x_1} + \nu \frac{\partial^2 U_1}{\partial x_2^2}\,. \tag{2.43}$$

Das vorletzte Glied auf der rechten Seite von Gleichung (2.43) ist von der Größenordnung $dL/dx_1$ gegenüber dem ersten Glied auf der rechten Seite und kann somit vernachlässigt werden. Gleiches gilt auch für den viskosen Term, der nur bei kleinen Reynoldszahlen eine Rolle spielt. Gleichung (2.43) kann zur Überprüfung der gemessenen Schubspannung $-\rho\overline{u_1 u_2}$ herangezogen werden.

In ähnlicher Weise lassen sich auch für den achsensymmetrischen Fall die Kontinuitätsgleichung,

$$\frac{\partial U_1}{\partial x_1} + \frac{1}{r}\frac{\partial\, r U_2}{\partial r} = 0, \tag{2.44}$$

und die Impulsgleichung für die Geschwindigkeitskomponente in $x_1$-Richtung angeben:

$$U_1 \frac{\partial U_1}{\partial x_1} + U_2 \frac{\partial U_1}{\partial r} = -\frac{1}{r}\frac{\partial\, r\overline{u_1 u_2}}{\partial r} - \frac{\partial (\overline{u_1^2} - \overline{u_2^2})}{\partial x_1} + \frac{\nu}{r}\frac{\partial}{\partial r}\left( r \frac{\partial U_1}{\partial r} \right)\,. \tag{2.45}$$

Die $x_1$-Achse soll dabei gerade der Hauptströmungsrichtung entsprechen, $u_1$, $u_2$, $u_3$ sind die Geschwindigkeitskomponenten in axialer und radialer Richtung bzw. in Umfangsrichtung.

*Die Transportgleichung für die turbulente kinetische Energie*

Die Gleichung für die turbulente kinetische Energie $k$ kann man aus den Reynolds-Spannungs-Gleichungen (1.2) erhalten, indem man $i = j$ setzt und über alle $i$ summiert. Mit $k = q^2/2 = \overline{u_i u_i}/2$ ergibt sich:

$$U_k \frac{\partial}{\partial x_k} \frac{q^2}{2} = -\overline{u_i u_k} \frac{\partial U_i}{\partial x_k} - \frac{\partial}{\partial x_k} \overline{\left( u_k (\frac{q^2}{2} + \frac{p}{\rho}) \right)} - \nu \overline{\frac{\partial u_i}{\partial x_k} \frac{\partial u_i}{\partial x_k}} + \nu \frac{\partial^2}{\partial x_k^2} \frac{q^2}{2} . \tag{2.46}$$

Wendet man die im vorangegangenen Kapitel dargestellten Grenzschichtvereinfachungen auf Gleichung (2.46) an, so lautet sie für ebene Strömungsgeometrien:

$$\begin{aligned} U_1 \frac{\partial}{\partial x_1} \frac{q^2}{2} + U_2 \frac{\partial}{\partial x_2} \frac{q^2}{2} &= -\overline{u_1 u_2} \frac{\partial U_1}{\partial x_2} - \left[ (\overline{u_1^2} - \overline{u_2^2}) \frac{\partial U_1}{\partial x_1} \right] - \frac{\partial}{\partial x_2} \overline{\left( u_2 (\frac{q^2}{2} + \frac{p}{\rho}) \right)} \\ &\quad - \left[ \frac{\partial}{\partial x_1} \overline{\left( u_1 (\frac{q^2}{2} + \frac{p}{\rho}) \right)} \right] - \nu \overline{\frac{\partial u_i}{\partial x_k} \frac{\partial u_i}{\partial x_k}} + \frac{\nu}{2} \frac{\partial^2 q^2}{\partial x_2^2} . \end{aligned} \tag{2.47}$$

Die Ausdrücke in den eckigen Klammern [ ] sind um den Faktor $dL/dx_1$ kleiner als die anderen Glieder der Gleichung und können vernachlässigt werden. Bei Nachlaufströmungen läßt sich das auch für den zweiten Term auf der linken Seite von Gleichung (2.47) zeigen. Die viskose Diffusion (letzter Term in (2.47)) spielt ebenfalls eine untergeordnete Rolle, so daß man letztendlich folgende vereinfachte Bilanzgleichung für die turbulente kinetische Energie erhält (vgl. auch Rotta [68]):

$$U_1 \frac{\partial}{\partial x_1} \frac{q^2}{2} = -\overline{u_1 u_2} \frac{\partial U_1}{\partial x_2} - \frac{\partial}{\partial x_2} \overline{\left( u_2 (\frac{p}{\rho} + \frac{q^2}{2}) \right)} - \nu \overline{\frac{\partial u_i}{\partial x_k} \frac{\partial u_i}{\partial x_k}} . \tag{2.48}$$

Die Gleichung für die turbulente kinetische Energie lautet im achsensymmetrischen Fall unter den gleichen Voraussetzungen:

$$U_1 \frac{\partial}{\partial x_1} \frac{q^2}{2} = -\overline{u_1 u_2} \frac{\partial U_1}{\partial r} - \frac{1}{r} \frac{\partial}{\partial r} r \overline{\left( u_2 (\frac{p}{\rho} + \frac{q^2}{2}) \right)} - \epsilon . \tag{2.49}$$

Die turbulente Dissipationsrate $\epsilon$ hat im achsensymmetrischen Nachlauf die gleiche Form wie im ebenen Nachlauf, mit dem Unterschied, daß anstelle der Ableitung in $x_2$-Richtung die Ableitung in radialer Richtung ($\partial/\partial r$) und anstelle der Ableitung in Spannweitenrichtung ($x_3$) die Ableitung in Umfangsrichtung ($\partial/r\partial\phi$) steht.

### 2.2.2 Integrale Impulsbilanz

Aus der Forderung nach Erhaltung von Masse und Impuls läßt sich aus den Differentialgleichungen im vorangegangenen Kapitel eine integrale Beziehung ableiten, die später zur

Überprüfung der Meßdaten herangezogen wird. Integriert man Gleichung (2.43) über $x_2$ zwischen den Grenzen $-\infty$ und $\infty$, so erhält man unter Hinzunahme der Kontinuitätsgleichung:

$$\frac{\partial}{\partial x_1}\int_{-\infty}^{\infty}\left[U_1(U_1-U_\infty)+(\overline{u_1^2}-\overline{u_2^2})\right]dx_2=0 \tag{2.50}$$

und somit für die Impulsverlustdicke $\theta$:

$$\theta=\int_{-\infty}^{\infty}\frac{U_1}{U_\infty}\left(1-\frac{U_1}{U_\infty}\right)dx_2=konst. \tag{2.51}$$

Die Impulsverlustdicke ist nach (2.51) im fernen Nachlauf eine Konstante.

Im achsensymmetrischen Fall gelten die Ausführungen gleichermaßen. Aus der Impulsgleichung erhält man eine Gleichung für den Impulsverlustradius $\theta$:

$$\theta=\left[2\int_{0}^{\infty}\frac{U_1}{U_\infty}\left(1-\frac{U_1}{U_\infty}\right)rdr\right]^{1/2}=konst. \tag{2.52}$$

### 2.2.3 Ähnlichkeitslösungen

Nachlaufströmungen weisen wie eine Reihe weiterer freier Scherströmungen in einiger Entfernung von ihrem Ursprung (z.B. Zylinder) den Zustand der Selbstähnlichkeit auf. Im Englischen wird diese Eigenschaft als *self-preservation* bezeichnet. Selbstähnlichkeit bedeutet, daß die Verteilungen der mittleren Geschwindigkeit, der Reynolds-Spannungen oder anderer zeitlich gemittelter statistischer Größen $M$ in Ebenen $x_1 = konst.$ die gleiche funktionale Form aufweisen und sich nur durch das jeweilige lokale Längenmaß in Querrichtung $L$ sowie das lokale Maß der entsprechenden statistischen Größe $m_0$ voneinander unterscheiden (siehe Abb. 2.7). Damit gilt für die Verteilung einer statistischen Größe $M$ im ebenen Fall:

$$M=M_1(x_1)+m_0(x_1)f\left[\frac{x_2}{L(x_1)}\right]. \tag{2.53}$$

$M_1$ ist der Wert von $M$ außerhalb des Turbulenzgebietes. Als Geschwindigkeitsmaß wählt man zweckmäßigerweise die Differenz $U_S$ zwischen der ungestörten Außenströmung $U_\infty$ und der mittleren Geschwindigkeit auf der Symmetrieachse (nachfolgend auch als Nachlaufachse bezeichnet):

$$U_S=U_\infty-U_1(x_2=0). \tag{2.54}$$

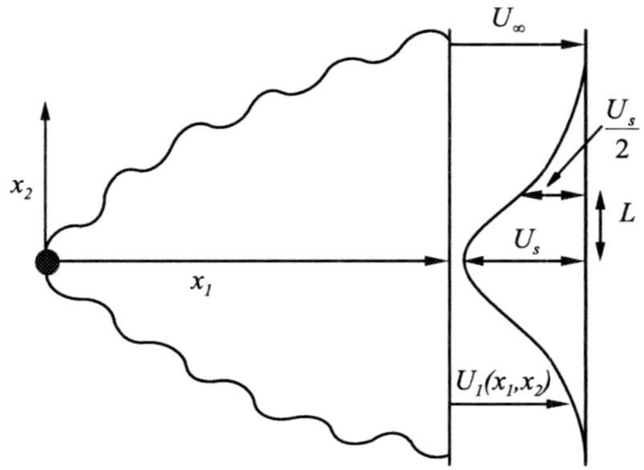


Abb. 2.7: Selbstähnlichkeit einer ebenen turbulenten Nachlaufströmung mit konstanter Außengeschwindigkeit $U_\infty$: Die Geschwindigkeitsverteilung ist nicht maßstäblich dargestellt, im selbstähnlichen Gebiet gilt $U_S \ll U_\infty$. Die gewellten Linien deuten auf die ständige Verformung der Nachlaufberandung hin.

Als Längenmaß $L$ wird gewöhnlich der Abstand von der Achse festgelegt, für den gilt: $U_1(x_2 = L) = U_\infty - 0.5U_S$. Mit $\eta = x_2/L$ ergeben sich die folgenden Ansätze für die mittlere Geschwindigkeit und die Reynolds-Spannungen:

$$U_1 = U_\infty - U_S\, f(\eta)\,,$$

$$\overline{u_i u_j} = U_S^2\, \langle u_i u_j \rangle (\eta)\,. \tag{2.55}$$

Interessanterweise sind die Ansätze (2.55) nur für $U_\infty \propto U_S$ mit den Gleichungen (2.50) und (2.43) verträglich, was darauf hindeuten würde, daß im Fall des Nachlaufs im homogenen Strom ($U_\infty = konst.$) keine Ähnlichkeit möglich ist. Unter der Voraussetzung $U_\infty \gg U_S$ kann jedoch auch für diesen Fall zumindest näherungsweise Ähnlichkeit vorliegen. Man erhält dann aus (2.50) und (2.43):

$$U_\infty \left[ \frac{dU_S}{dx_1} f(\eta) - \frac{U_S}{L} \frac{dL}{dx_1} \eta \frac{d\,f(\eta)}{d\eta} \right] = \frac{U_S^2}{L} \frac{d\,\langle u_1 u_2 \rangle (\eta)}{d\eta} \tag{2.56}$$

bzw.

$$L U_S U_\infty \int_{-\infty}^{\infty} f(\eta) d\eta = konst. \tag{2.57}$$

und für das lokale Geschwindigkeits- bzw. Längenmaß:

$$U_S \propto (x_1 - x_{1,0})^{-1/2}, \quad L \propto (x_1 - x_{1,0})^{1/2}. \tag{2.58}$$

Die Konstante $x_{1,0}$ in Gleichung (2.58) bezeichnet man als virtuellen Ursprung, der von den Strömungsbedingungen am Zylinder sowie von der Geometrie des Zylinders selbst abhängt.

George [27] hat vorgeschlagen, anstelle der Normierung mit einem einheitlichen Geschwindigkeitsmaß für jede einzelne Reynolds-Spannungskomponente ein eigenes Geschwindigkeitsmaß zuzulassen und die Beziehungen zwischen diesen Geschwindigkeitsmaßen aus den Erhaltungsgleichungen abzuleiten. Das gleiche gilt auch für die Normierung der übrigen Terme der Reynolds-Spannungs-Gleichungen. In der Arbeit von Moser et al. [57] wurde diese Idee aufgegriffen und gezeigt, daß sich die von Experiment zu Experiment verschiedenen Verteilungen von $\langle u_i u_j \rangle$ mit dieser Vorgehensweise zumindest teilweise erklären lassen und somit eine größere Allgemeingültigkeit der Ähnlichkeitslösung erreicht werden kann. Aufgrund der unterschiedlichen Skalierungen ist allerdings die direkte Vergleichbarkeit der normierten Verteilungen erschwert, weshalb diese Art der Normierung nur für Vergleiche zwischen verschiedenen Experimenten zweckmäßig ist. Aus diesem Grunde werden nachfolgend einheitliche Geschwindigkeits- und Längenmaße verwendet. Lediglich in Kapitel 5.3 wird auf die von George [27] vorgeschlagene Normierung eingegangen.

Die obigen Ähnlickeitsbetrachtungen lassen sich in gleicher Weise auf den achsensymmetrischen Nachlauf übertragen. Man erhält - wiederum unter der Bedingung $U_\infty \gg U_S$ - die Ähnlichkeitsbeziehungen

$$U_S \propto (x_1 - x_{1,0})^{-2/3}, \quad L \propto (x_1 - x_{1,0})^{1/3}. \tag{2.59}$$

Die fehlenden Proportionalitätskonstanten in (2.58) und (2.59) lassen sich experimentell durch Messung von Geschwindigkeitsprofilen an verschiedenen $x_1$-Positionen bestimmen. Aufgrund der Selbstähnlichkeit aller statistischen Größen wird damit auch die Berechnung der Ableitungen zeitgemittelter Größen in $x_1$-Richtung möglich. Der Strömungsbereich, in dem Selbstähnlichkeit vorliegt, muß aus den experimentellen Daten abgeleitet werden. Darüber hinaus ist die Bestimmung des virtuellen Ursprungs aus den Meßdaten erforderlich.

# 3 Messung zeitlich gemittelter Ableitungen

Die Grundlage für die experimentelle Bestimmung des Dissipationstensors, der turbulenten Dissipationsrate und der Produktionsterme in der Dissipationsgleichung als Voraussetzung für die Verifizierung des im vorangegangenen Kapitel vorgestellten Dissipationsmodells bilden Messungen zeitgemittelter Ableitungen von Geschwindigkeitsfluktuationen. Die Messung solcher Turbulenzstatistiken erfordert ein ausreichendes räumliches bzw. zeitliches Auflösungsvermögen der eingesetzten Sonden. In diesem Kapitel erfolgt neben der Beschreibung des Meßverfahrens eine Abschätzung der hierfür erforderlichen Sondenabmessungen und der zu erwartenden Meßfehler. Anhand des Beispiels der Anordnung von zwei Eindrahtsonden wird die Ableitung entsprechender Korrekturen gezeigt. Die Analyse der einzelnen Gradienten erfolgt mit Hilfe der Wyngaardschen Theorie (Wyngaard [93, 94]), die später von Antonia et al. [3, 4], Zhu & Antonia [96] und Zhu & Antonia [97, 98] angewendet und erweitert wurde. In Anhang B ist die Ableitung aller Korrekturfunktionen ausführlich dargelegt.

## 3.1 Hitzdrahtkonfigurationen zur Messung der einzelnen Geschwindigkeitsgradienten

Die Bestimmung der turbulenten Dissipationsrate erfordert die Messung der Geschwindigkeitsableitungen:

$$u_{ij}^2 = \overline{\left(\frac{\partial u_i}{\partial x_j}\right)^2}, \quad i,j = 1,2,3\,. \tag{3.1}$$

Zur Ermittlung der Produktionsterme in der Dissipationsgleichung werden zudem die Terme

$$\overline{\left(\frac{\partial u_1}{\partial x_l}\frac{\partial u_2}{\partial x_l}\right)}, \quad \overline{\left(\frac{\partial u_l}{\partial x_1}\frac{\partial u_l}{\partial x_2}\right)}, \quad l = 1,2,3 \tag{3.2}$$

benötigt. Für kleine Abstände $\Delta x_j$ können die Differentialquotienten in (3.1) und (3.2) durch entsprechende Differenzenquotienten ersetzt werden,

$$\frac{\partial u_i}{\partial x_j} \approx \frac{\Delta u_i}{\Delta x_j}, \quad i,j = 1,2,3\,. \tag{3.3}$$

Durch Messung der Geschwindigkeitsdifferenz zwischen zwei nahe beieinander positionierten Sonden lassen sich demnach die Gradienten in (3.1) und (3.2) bestimmen.

Verhältnismäßig einfach können die Ableitungen in Strömungsrichtung gemessen werden. Unter Verwendung der Taylorschen Hypothese (vgl. Hinze [34]) gilt:

$$\overline{\left(\frac{\partial}{\partial x_1}\right)^2} = -\frac{1}{U_1{}^2}\overline{\left(\frac{\partial}{\partial t}\right)^2} \tag{3.4}$$

$U_1$ ist dabei die lokale mittlere Geschwindigkeit und zugleich die Hauptströmungskomponente. Anschaulich ausgedrückt geht die Taylorsche Hypothese also von einem quasi *eingefrorenen* Zustand eines Turbulenzelementes aus. Exakt gilt dies nur für den Grenzfall unendlich hoher Geschwindigkeiten $U_1$, bzw. für

$$\frac{\overline{u_1^2}}{U_1^2} \to 0\,. \tag{3.5}$$

Mit steigendem Turbulenzgrad treten zunehmend Abweichungen von Gleichung (3.4) auf. Eine Abschätzung der resultierenden Fehler für isotrope Turbulenz bei großen Reynoldszahlen gibt Hinze [34] an:

$$\frac{1}{U_1^2}\frac{\overline{(\partial u_1/\partial t)^2}}{\overline{(\partial u_1/\partial x_1)^2}} \approx 5\frac{\overline{u_1^2}}{U_1^2}\,. \tag{3.6}$$

Aufgrund der niedrigen Turbulenzgrade in den untersuchten Nachlaufströmungen ($\leq$1.5%) ist nach (3.6) nur ein geringer Fehler zu erwarten. Die Taylorsche Hypothese wurde daher ohne Korrekturen angewendet.

Die Terme $u_{11}^2$, $u_{21}^2$ und $u_{31}^2$ lassen sich gemäß den obigen Ausführungen mit Hilfe einer X-Drahtsonde aus den jeweiligen zeitlichen Ableitungen messen, die Ableitung $u_{11}^2$ kann zusätzlich mit einer Normaldrahtsonde bestimmt werden.

Die Messung der Terme $u_{12}^2$ und $u_{13}^2$ ist mit Hilfe eines Paars von Normaldrahtsonden bzw. mittels einer Paralleldrahtsonde möglich. Auf den Einsatz einer Paralleldrahtsonde wurde verzichtet, da aus früheren Untersuchungen bei nahezu gleichen Strömungsbedingungen (Ye [95] und Browne et al. [11]) bekannt war, daß der Abstand einer Standard-Paralleldrahtsonde (Dantec P71) von 0.4 mm zu klein ist und aufgrund von elektronischem Rauschen und Kalibrierungenauigkeiten zu Fehlern von 30% in den gemessenen Ableitungen führt. Der Einfluß des Sondenabstands wird nachfolgend noch ausführlich behandelt.

Für die Bestimmung der Terme $u_{22}^2$, $u_{23}^2$, $u_{32}^2$ und $u_{33}^2$ benötigt man zwei X-Drahtsonden, die in vier verschiedenen Konfigurationen zueinander und zur Strömung ausgerichtet sind. Die Anordnungen eines solchen X-Drahtpaars zur Messung der einzelnen Geschwindigkeitsableitungen ist in Abb. 3.1 dargestellt.

Mit der Doppel-X-Drahtkonfiguration können gleichzeitig alle anderen zuvor dargestellten Terme gemessen werden, was zum einen eine gute Vergleichbarkeit der Ergebnisse

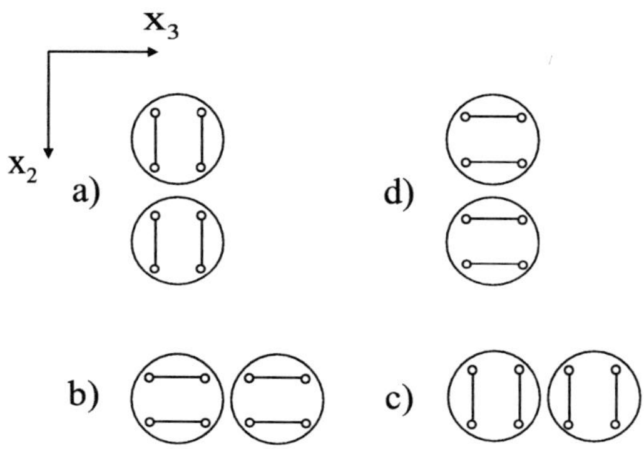


Abb. 3.1: Verschiedene Anordnungen des X-Drahtpaars zur Messung der einzelnen Geschwindigkeitsableitungen; (a): $u_{11}^2$, $u_{12}^2$, $u_{21}^2$, $u_{22}^2$, (b): $u_{11}^2$, $u_{13}^2$, $u_{31}^2$, $u_{33}^2$, (c): $u_{11}^2$, $u_{13}^2$, $u_{21}^2$, $u_{23}^2$ (d): $u_{11}^2$, $u_{12}^2$, $u_{31}^2$, $u_{32}^2$,

erlaubt und zum anderen für die Ermittlung des effektiven Sondenabstands genutzt werden kann, wie nachfolgend noch gezeigt wird.

## 3.2 Einfluß von Drahtlänge, Drahtabstand und Sondenabstand auf die Messung zeitgemittelter Ableitungen

### Vorbemerkungen

Das turbulente Energiespektrum enthält Beiträge aus einem weiten Bereich von Skalengrößen mit unterschiedlichen Energieanteilen. Die größten Skalen sind zugleich die energiereichsten, während die Energiedissipation überwiegend bei kleinen Skalen stattfindet. Es ist einleuchtend, daß ein Hitzdrahtsensor keine Turbulenzskalen auflösen kann, die kleiner als seine Abmessungen sind. Allerdings sind *Wirbel* keine räumlich scharf begrenzten Gebilde, die „Wirbelgröße" ist vielmehr eine charakteristische Abmessung. Folgt man den Überlegungen von Tennekes & Lumley [81], so bewirkt ein einzelner Wirbel der Wellenzahl $k$ im Energiespektrum Energiebeiträge auf einem Band von Wellenzahlen in der Nähe von $k$.[6] Die räumlich integrierende Wirkung (Dämpfung) des Hitzdrahtes beginnt demnach schon bei Wellenzahlen $k < 2\pi/l$. Auf der anderen Seite erfaßt der Hitzdraht - wenn auch gedämpft - noch Beiträge von Wirbeln, deren charakteristische Abmessungen kleiner als die Hitzdrahtlänge sind. Für den Amplitudengang des Hitzdrah-

[6] In [81] wird auf der Basis eines einfachen Modells folgende Abschätzung angegeben: $(0.6..1.6)k$.

tes in Abhängigkeit der Wellenzahl wird man also eine stetige Funktion erwarten. Die Hitzdrahtabmessungen sind in der Regel deutlich kleiner als die großen, energietragenden Turbulenzelemente. Das erlaubt eine gute Auflösung der Grobturbulenzstruktur und damit prinzipiell eine genaue Messung entsprechender Turbulenzstatistiken, wie etwa der Reynoldsschen Spannungen. Was die Auflösung der turbulenten Feinstruktur anbelangt, sind die Verhältnisse weniger eindeutig. Deren Abmessungen werden durch das Kolmogorovsche Mikromaß charakterisiert, und dieses ist zumeist deutlich kleiner als die Sondenabmessungen. Eine erste geschlossene mathematische Behandlung der Auswirkung räumlicher Mittelung erfolgte durch Wyngaard [93, 94], aufbauend auf den Arbeiten von Uberoi & Kovasznay [86]. Dabei wurde in homogener, isotroper Turbulenz der Einfluß von Drahtlänge und Drahtabstand auf gemessene Spektren sowie auf die Geschwindigkeitsableitungen $u_{11}^2$, $u_{12}^2$ und $u_{21}^2$ untersucht. Abb. 3.2 zeigt das nach Wyngaard berechnete Verhältnis aus gemessenem und exaktem eindimensionalen Spektrum. Man erkennt, daß

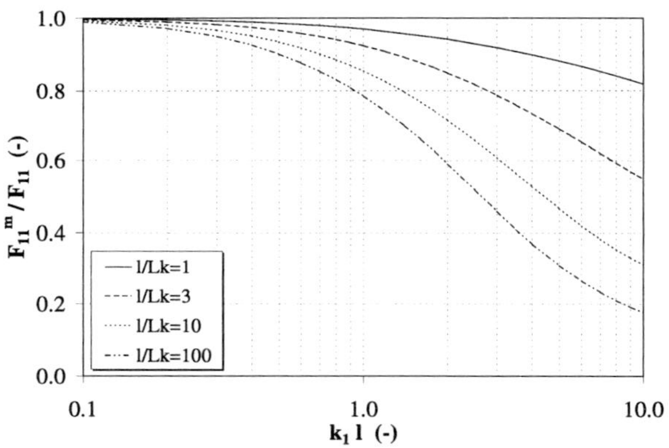


Abb. 3.2: Einfluß der Drahtlänge auf das mit einer Normaldrahtsonde gemessene eindimensionale Energiespektrum

die Dämpfung bereits bei Wellenzahlen $k_1 l < 2\pi$ beginnt, der Hitzdraht aber auch aus dem Wellenzahlbereich $k_1 l > 2\pi$ noch Beiträge erhält. Deutlich ist auch der Einfluß des Verhältnisses von Hitzdrahtlänge $l$ zu Kolmogorovschem Mikrolängenmaß $L_k$ zu erkennen: Mit steigendem $l/L_k$ verstärkt sich bei gleicher Wellenzahl die Dämpfung.

In den Arbeiten von Antonia et al. [3, 4], Zhu & Antonia [96] und Zhu & Antonia [97, 98] wurden alle Ableitungen $u_{ij}^2$ behandelt, zudem der Einfluß der gewählten Form des Energiespektrums untersucht und die analytischen Korrekturen anhand experimenteller und numerischer Daten verifiziert.

### Wyngaards Theorie

Die nachfolgenden Ausführungen beschränken sich auf Messungen mit Normaldrahtsonden. In analoger Weise können auch die Korrekturen für X-Drahtsonden abgeleitet werden. Alle Korrekturen sind in Anhang B ausführlich dargestellt. Für weitere Informationen sei auf die oben zitierte Literatur verwiesen. Die gemessene Geschwindigkeitsfluktuation $\tilde{u}_i$ eines Hitzdrahtes der Länge $l$ läßt sich wie folgt darstellen (vgl. Wyngaard [93, 94]):

$$\tilde{u}_i(\mathbf{x},\mathbf{l}) = \frac{1}{l}\int_{-l/2}^{l/2} u_i(\mathbf{x}+\bar{\mathbf{l}})\, d\bar{l}\,. \tag{3.7}$$

Dabei ist $l$ der Betrag des Draht-Vektors $\mathbf{l}$ und $u_i$ die Geschwindigkeitsfluktuation an der Stelle $\mathbf{x}$. Das Turbulenzfeld wird als homogen angenommen und kann mit Hilfe des Fourier-Stieltjes-Integrals ausgedrückt werden:

$$u_i(\mathbf{x}) = \int_{-\infty}^{\infty} e^{i\mathbf{kx}} dZ_i(\mathbf{k}). \tag{3.8}$$

Durch Einsetzen von (3.8) in (3.7) ergibt sich:

$$\tilde{u}_i(\mathbf{x},\mathbf{l}) = \int_{-\infty}^{\infty} e^{i\mathbf{kx}} d\tilde{Z}_i(\mathbf{k},\mathbf{l}), \quad d\tilde{Z}_i(\mathbf{k},\mathbf{l}) = dZ_i^m = \frac{\sin(\mathbf{kl}/2)}{(\mathbf{kl}/2)} dZ_i. \tag{3.9}$$

Mit den Definitionen

$$\left.\begin{aligned} \phi_{ij}(\mathbf{k})d\mathbf{k} &= \overline{dZ_i(\mathbf{k})dZ_j^*(\mathbf{k})} \\ \phi_{ij}^m(\mathbf{k},\mathbf{l})d\mathbf{k} &= \overline{dZ_i^m(\mathbf{k},\mathbf{l})dZ_j^{m*}(\mathbf{k},\mathbf{l})} \end{aligned}\right\} \tag{3.10}$$

erhält man die tatsächliche und die gemessene Spektraltensorfunktion [7]. Aus diesen können durch Integration über $k_2$ und $k_3$ die eindimensionalen Spektren $F_{ij}(k_1)$ und $F_{ij}^m(k_1,\mathbf{l})$ bzw. durch nochmalige Integration über $k_1$ die Momente zweiter Ordnung $\overline{u_i u_j}$ und $\overline{u_i u_j}^m$ berechnet werden. Für das gemessene eindimensionale Spektrum $F_{ij}^m(k_1)$ einer Normaldrahtsonde der Länge $l$ ($\mathbf{l} = l\mathbf{e_2}$, $\mathbf{e_2}$ ist der Einheitsvektor in $x_2$-Richtung) ergibt sich:

$$F_{11}^m(k_1) = \int\int_{-\infty}^{\infty} \phi_{11}(\mathbf{k}) \frac{\sin^2(k_2 l/2)}{(k_2 l/2)^2} dk_2 dk_3\,. \tag{3.11}$$

Um das Integral (3.11) lösen zu können, muß der Spektraltensor $\phi_{ij}$ bekannt sein. In isotroper Turbulenz gilt:

$$\phi_{ij}(\mathbf{k}) = \frac{E(k)}{4\pi k^4}\left(k^2\delta_{ij} - k_i k_j\right)\,. \tag{3.12}$$

Für hohe Reynoldszahlen kann das Energiespektrum $E(k)$ nach Pao [62] berechnet werden:

$$E(k) = \alpha\epsilon^{2/3}k^{-5/3}\exp\left[-1.5\alpha(kL_k)^{4/3}\right]\,, \quad \alpha = 1.7. \tag{3.13}$$

[7] Der Asteriskus $*$ bezeichnet den konjugiert komplexen Wert von $Z_j$

Gleichung (3.11) läßt sich nun numerisch integrieren. Somit können Verhältnisse von gemessenen und tatsächlichen Spektren oder Momenten ($F_{11}^m/F_{11}$ bzw. $\overline{u_1^{2m}}/\overline{u_1^2}$) in Abhängigkeit der Drahtlänge angegeben werden (Abb. 3.2).

Von Interesse sind hier jedoch die Korrekturen der gemessenen Ableitungen $u_{ij}^m$. Für die in Abb. 3.3 dargestellte Hitzdrahtkonfiguration kann geschrieben werden:

$$\left(\frac{\partial u_1}{\partial x_3}\right)^m = \frac{\tilde{u}_{1a} - \tilde{u}_{1b}}{s} . \tag{3.14}$$

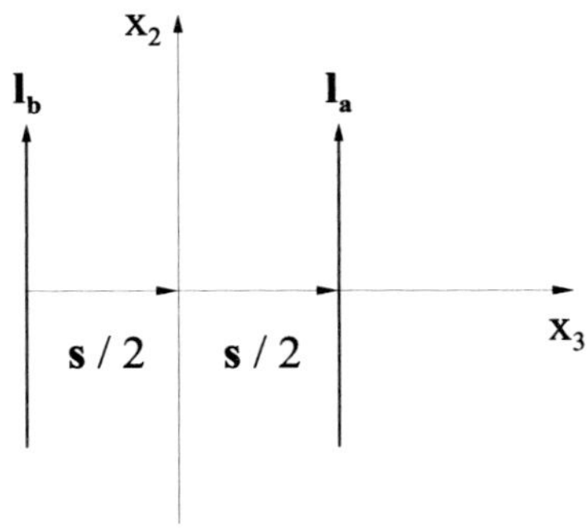


Abb. 3.3: Schematische Darstellung der Hitzdrahtkonfiguration zur Messung der Ableitung $u_{13}$ mit Hilfe zweier Normaldrahtsonden

Die Fourier-Stieltjes Darstellung der gemessenen Ableitung $(\partial u_1/\partial x_3)^m$ lautet:

$$\left(\frac{\partial u_1}{\partial x_3}\right)^m = \frac{1}{s}\int_{-\infty}^{\infty} X\left(e^{i\mathbf{k}(\mathbf{x}+\mathbf{s}/2)} - e^{i\mathbf{k}(\mathbf{x}-\mathbf{s}/2)}\right) dZ_1(\mathbf{k}) , \quad X = \frac{\sin(k_2 l/2)}{(k_2 l/2)} . \tag{3.15}$$

Dabei wurde angenommen, daß beide Drähte die gleiche Länge $l{=}|\mathbf{l_a}|{=}|\mathbf{l_b}|$ besitzen. Unter Verwendung der Definitionen (3.10) erhält man für $(u_{13}^m)^2$:

$$\overline{(u_{13}^m)^2} = \overline{\left(\frac{\partial u_1}{\partial x_3}\right)^{2\,m}} = \frac{4}{s^2}\int\!\!\int\!\!\int_{-\infty}^{\infty} X^2 \sin^2(k_3 s/2)\phi_{11}(\mathbf{k}) dk_1 dk_2 dk_3 . \tag{3.16}$$

Somit ergibt sich die Korrekturformel $r_{13}$ wie folgt:

$$r_{13} = \frac{\overline{(\partial u_1/\partial x_3)^2}^{\,m}}{\overline{(\partial u_1/\partial x_3)^2}} = \frac{4/s^2 \int\int\int_{-\infty}^{\infty} X^2 \sin^2(k_3 s/2)\phi_{11}(\mathbf{k}) dk_1 dk_2 dk_3}{\int\int\int_{-\infty}^{\infty} k_3^2 \phi_{11}(\mathbf{k}) dk_1 dk_2 dk_3} . \tag{3.17}$$

Mit einer Normaldrahtsonde kann auch die Ableitung in $x_1$-Richtung durch Anwendung der Taylorschen Hypothese ($\partial/\partial x_1 = -U_1^{-1}\partial/\partial t$) bestimmt werden. Ersetzt man zusätzlich den Differentialquotienten durch den entsprechenden Differenzenquotienten, so erhält man für die gemessene Ableitung:

$$\left(\frac{\partial u_1}{\partial x_1}\right)^m = \frac{\tilde{u}_1(t+\Delta t) - \tilde{u}_1(t)}{w}, \tag{3.18}$$

mit $w = -U_1 \Delta t$.

Die Korrekturfunktion $r_{11}$ kann nun in gleicher Weise wie $r_{13}$ abgeleitet werden und lautet:

$$r_{11} = \frac{\overline{(\partial u_1/\partial x_1)^2}^m}{\overline{(\partial u_1/\partial x_1)^2}} = \frac{4/w^2 \int\int\int_{-\infty}^{\infty} X^2 \sin^2(k_1 w/2)\phi_{11}(\mathbf{k}) dk_1 dk_2 dk_3}{\int\int\int_{-\infty}^{\infty} k_1^2 \phi_{11}(\mathbf{k}) dk_1 dk_2 dk_3}. \tag{3.19}$$

Abb. 3.4 zeigt den Verlauf der Korrekturfunktionen $r_{11}$ und $r_{13}$ für verschiedene Werte von $l$, $w$ und $s$, die jeweils mit dem Kolmogorovschen Mikrolängenmaß $L_k$ normiert wurden. Aus Abb. 3.4 ist zu erkennen, daß die Auflösungsanforderungen hoch sind. Um

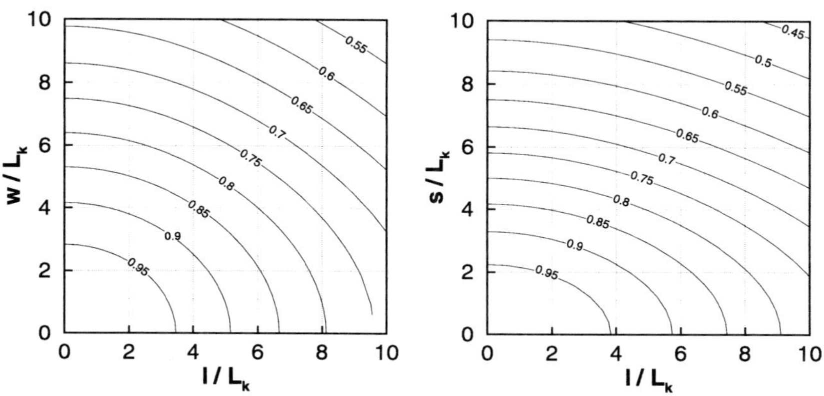


Abb. 3.4: Verlauf der Korrekturfunktionen $r_{11}$ und $r_{13}$ für verschiedene Werte von $l$, $w$ und $s$; links: $r_{11}$, rechts: $r_{13}$

beispielsweise den Meßfehler für die Ableitung $u_{13}^2$ unter 10% zu halten, darf bei Verwendung zweier Standard-Normaldrahtsonden ($l \approx$1mm) mit einem Sondenabstand von 1mm das Kolmogorovsche Mikrolängenmaß nicht kleiner als 0.35mm sein.

Bei den angegebenen Korrekturfunktionen ist zu berücksichtigen, daß sowohl die Annahme isotroper Turbulenz als auch die gewählte Form der Energiespektrum das Ergebnis beeinflussen. Es wird sich später jedoch zeigen, daß die untersuchten Strömungen nicht stark vom Zustand der lokalen Isotropie abweichen. Die isotrope Form des Spektraltensors läßt sich daher für die großen Wellenzahlen rechtfertigen. Das Energiespektrum nach Pao ist für hohe Reynoldszahlen gültig (auch dort nicht für die kleinen Wellenzahlen, da diese kein universelles Verhalten aufweisen) und ergibt bei kleinen Reynoldszahlen für die kleinen und mittleren Wellenzahlen zu hohe Energiebeiträge. In diesem Bereich könnte prinzipiell das experimentell bestimmte Energiespektrum verwendet werden, da bei kleinen Wellenzahlen keine Dämpfung auftritt. Eine weniger aufwendige Möglichkeit nutzten Zhu & Antonia [98]. Sie verwendeten das Energiespektrum aus DNS-Daten einer turbulenten Kanalströmung auf der Kanalachse zur Korrektur der in einer turbulenten Nachlaufströmung gemessenen Ableitungen bzw. deren Spektren. Die Turbulenzstruktur auf der Kanalachse ähnelt der der untersuchten Nachlaufströmung. Auch die Reynoldszahl war von der gleichen Größenordnung. Die Ergebnisse zeigten, daß mit dem verwendeten Energiespektrum realistische Verläufe der Korrekturfunktionen in der turbulenten Nachlaufströmung erhalten werden konnten.

Die Wahl der Integrationsgrenzen bei der numerischen Berechnung der Integrale in (3.19) und (3.17) war unkritisch. Aufgrund des geringen Beitrags der kleinen Wellenzahlen wurde als untere Integrationsgrenze $k_i \cdot L_k = 0.01$ festgelegt, das entspricht auch etwa der Spanne von größten zu kleinsten Wellenzahlen in den untersuchten Strömungen. Als obere Integrationsgrenze erwies sich $k_i \cdot L_k = 3$ als ausreichend. Größere Wellenzahlen spielen praktisch keine Rolle mehr.

Wegen der getroffenen Vereinfachungen und Annahmen wurden die Korrekturen vor ihrer Anwendung anhand der experimentellen Daten verifiziert, worauf in Kapitel 5 eingegangen wird.

# 4 Versuchsaufbau und Versuchsdurchführung

## 4.1 Windkanal

Die Experimente erfolgten im 400-kW-Windkanal des Lehrstuhls für Strömungsmechanik Erlangen. Es handelt sich dabei um einen Niedergeschwindigkeitswindkanal mit offener Meßstrecke (Göttinger Bauart) und einem Meßstreckenquerschnitt von $1.87 \times 1.4\mathrm{m}^2$. Die nutzbare Meßstreckenlänge beträgt etwa 2m. Der Windkanal verfügt über eine Temperaturregelung. Nach einer Einschwingzeit von etwa einer halben Stunde blieben die Temperaturschwankungen bei konstanter Geschwindigkeit des Windkanals innerhalb einer Intervallbreite von $\pm 0.1$K. Die Geschwindigkeitskalibrierung wurde stets aus dem „eingeschwungenen" Zustand bei maximaler Kalibriergeschwindigkeit begonnen und in möglichst kurzer Zeit durchgeführt. Die maximalen Temperaturänderungen während der Kalibrierung konnten mit diesen Maßnahmen auf 0.4K begrenzt werden. Der Windkanal ist mit einer dreiachsigen Traversiervorrichtung ausgestattet, die rechnergesteuerte Verschiebungen der Meßsonden in allen drei Raumrichtungen zuläßt.

Da beide untersuchten Strömungen kleine Turbulenzintensitäten aufwiesen ($<2\%$), gleichzeitig jedoch ein Einfluß der Windkanalturbulenz auf die Experimente vermieden werden mußte, war ein sehr geringes Niveau der Grundturbulenz im Windkanal eine wichtige Voraussetzung für die Durchführung der Versuche. Um die Turbulenzproduktion an den Strahlrändern zu unterdrücken und damit den Turbulenzgrad in der Grundströmung zu verringern, wurde die Meßstrecke mit Hilfe einer Holzverkleidung geschlossen. Durch Messungen in der leeren Meßstrecke wurde sichergestellt, daß der statische Drucks bzw. die mittlere Geschwindigkeit keinen Gradient in Strömungsrichtung aufwies. Zudem wurden einige Profile von Turbulenzintensitäten der Geschwindigkeitsfluktuationen aufgenommen. Die Turbulenzintensitäten betrugen an der späteren Meßposition (1600mm hinter der Düse bzw. 1200mm hinter der Aufhängung für die Kugel oder den Kreiszylinder) etwa 0.07% in Längsrichtung und etwa 0.04% in Querrichtung.

## 4.2 Meßstrecke

### Ebener Nachlauf

Die ebene Nachlaufströmung wurde durch einen Kreiszylinder mit einem Durchmesser von 3mm erzeugt, der 400mm stromabwärts der Düse horizontal in der Mitte der Meßstrecke befestigt war. Das Verhältnis von Zylinderlänge zu Zylinderdurchmesser betrug etwa 620, eventuelle Randeinflüsse waren damit ausgeschlossen. Abb. 4.1 zeigt eine Fotografie des Versuchsaufbaus im Windkanal.

Die Anströmgeschwindigkeit betrug 6.6m/s, daraus ergibt sich eine auf den Zylinderdurchmesser bezogene Reynoldszahl von 1340. Die Messungen erfolgten im selbstähnli-

Abb. 4.1: Fotografie des Windkanalaufbaus zur Untersuchung der ebenen Nachlaufströmung

chen Bereich des Nachlaufs bei $x_1/D$=400. Selbstähnlichkeit lag im untersuchten Nachlauf etwa 300 Durchmesser stromab des Zylinders vor, was innerhalb der aus der Literatur bekannten Variationsbreite von 200-400 Durchmessern liegt.

### Achsensymmetrischer Nachlauf

Zur Generierung der achsensymmetrischen Nachlaufströmung wurde eine Stahlkugel mit einem Durchmesser von 16mm in der Mitte der Meßstrecke mit dünnen Drähten befestigt. Zur Abspannung der Kugel dienten zwei Stahldrähte mit einem Durchmesser von 50$\mu$m. Sie wurden durch eine horizontal angeordnete Durchgangsbohrung durch die Kugel geführt und an der oberen Wand der Meßstrecke befestigt. Abb. 4.2 zeigt eine schematische Darstellung des Aufbaus. Die Aufhängung erwies sich bei den geringen Strömungsgeschwindigkeiten als hinreichend stabil, Bewegungen der Kugel konnten nicht beobachtet werden.

Um die von den Drahtnachläufen verursachten Störungen des Kugelnachlaufs so gering wie möglich zu halten, mußte die Ausbildung von Karmanschen Wirbelstraßen hinter den Befestigungsdrähten vermieden werden. Mit der gewählten Anströmgeschwindigkeit von 6.1m/s und dem Drahtdurchmesser von 50 $\mu$m ergab sich eine Reynoldszahl von etwa 20, was deutlich unterhalb der kritischen Reynoldszahl von 50 lag. Die mit dem Kugeldurchmesser gebildete Reynoldszahl betrug 6550. Der Selbstähnlichkeitsbereich der Kugelnach-

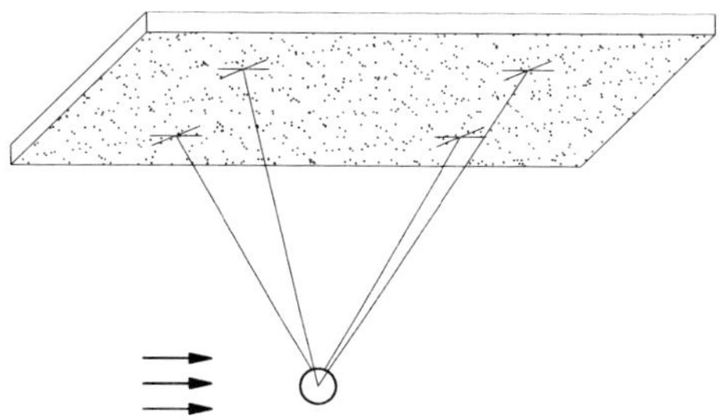

Abb. 4.2: Schematische Darstellung der Kugelaufhängung zur Erzeugung des achsensymmterischen Nachlaufs

laufströmung wurde durch Vorabmessungen mit einer Normaldrahtsonde bestimmt, die Dissipationsmessungen erfolgten 1200mm bzw. 75 Kugeldurchmesser stromabwärts der Kugel. Nach Angaben aus der Literatur ist Selbstähnlichkeit im achsensymmetrischen Nachlauf nach 30-100 Durchmessern zu erwarten, was sich mit den vorliegenden Meßergebnissen deckt. Wie im ebenen Nachlauf wurden die Profile in vertikaler Richtung aufgenommen. Es wurden stets beide Seiten des Nachlaufs vermessen, um die exakte Lage der Symmetrieachse des Nachlaufs bestimmen zu können. Da die Strömung gegenüber der Windkanaltraversierung einen kleinen Fehlwinkel von $\approx$0.3° aufwies, wurde vor Aufnahme jedes vertikalen Profils ein horizontales Profil gemessen. Auf diese Weise konnte sichergestellt werden, daß die Messung der Profile in vertikaler Richtung entlang der Symmetrieachse erfolgten. Aufgrund der sehr geringen Gradienten in der Nähe der Nachlaufachse war die Bestimmung der Nachlaufmitte in horizontaler Richtung allerdings unkritisch. Beim Vergleich von drei Profilen, die bei $x_1/D$=75 mit einem horizontalen Versatz von $\pm$2mm aufgenommen wurden, konnten praktisch keine Unterschiede in den gemessenen Reynoldsschen Spannungen festgestellt werden. Da der Fehler bei der Bestimmung der Nachlaufachse deutlich geringer als 2mm war, kann das beschriebene Verfahren als sehr genau eingeschätzt werden.

## 4.3 Instrumentierung

### 4.3.1 Hitzdraht-Meßtechnik

Für die Durchführung der Messungen wurden Standard-Dantec-Hitzdrahtsonden (Eindrahtsonde 55P11, X-Drahtsonde 55P61, Drahtdurchmesser und -länge laut Herstellerangaben bei beiden Sondentypen 5$\mu m$ bzw. 1.25mm) eingesetzt. Die Hitzdrahtsonden wurden zunächst mit DISA 55M Konstant-Temperatur-Anemometern betrieben, später wurde ein Dantec StreamLine-Anemometer verwendet. Unterschiede zwischen den beiden Systemen konnten nicht festgestellt werden. Bei der Messung der Produktionsterme $P_\epsilon^1$ und $P_\epsilon^2$, deren Meßgenauigkeit bereits durch kleine Meßfehler stark beeinträchtigt wird, stellte sich allerdings heraus, daß identische Meßsysteme erforderlich waren. Eine gute Meßgenauigkeit dieser Terme wurde nur mit dem Dantec StreamLine-Anemometer erreicht.

Das Überhitzungsverhältnis betrug 1.64, was einer Drahttemperatur von etwa 200°C entsprach. Der Frequenzgang der Anemometer wurde mit Hilfe des eingebauten Rechteckwellentests bestimmt. Das System erreichte bei dem gewählten Überhitzungsverhältnis eine Grenzfrequenz von etwa 70kHz. Vergleichende Messungen, die bei einem erhöhten Überhitzungsverhältnis (1.8, resultierende Drahttemperatur rund 240°C, Grenzfrequenz etwa 100kHz) durchgeführt wurden, ergaben identische Resultate.

Aufgrund einer gegebenenfalls besseren Stabilität und der geringeren gegenseitigen thermischen Beeinflussung der einzelnen Drähte bzw. Sonden wurde das Überhitzungsverhältnis von 1.64 für die weiteren Messungen beibehalten. Um Phasendifferenzen zwischen den einzelnen Drähten und Sonden zu vermeiden, erfolgte der Frequenzabgleich derart, daß alle Drähte beim Rechtecktest die gleichen Oszillogramme aufwiesen.

Die Länge der Hitzdrähte wurde mit Hilfe eines Mikroskops vermessen und betrug 1.16mm (±0.02mm). Die Länge der X-Drähte schwankte ebenfalls etwa ±0.02mm um diesen Wert. Als Hitzdrahtlänge wurde der Abstand zwischen den Innenseiten der Drahthalter festgelegt. Bei einem Drahtdurchmesser von 5$\mu$m ergab sich ein Länge-Durchmesser-Verhältnis von 230. Dieser Wert war nicht hoch genug, um eventuelle Randeinflüsse durch Wärmeleitung an die Drahthalter und damit verbundene Verzerrungen des Frequenzgangs der Anemometerschaltung von vornherein völlig ausschließen zu können. Aus diesem Grunde wurden Vergleichsmessungen mit einer endbeschichteten X-Drahtsonde der Fa. Auspex Corp. (Typ AHWX-100, Sensorlänge ca. 1mm, Durchmesser 5$\mu$m, Abstand der Drahthalter ca. 3mm) durchgeführt. Bei gleichem Länge-Drahtdurchmesser-Verhältnis sind die Randeinflüsse aufgrund der Endbeschichtung deutlich reduziert. Sowohl die gemessenen Einpunktmomente als auch die zeitlichen Ableitungen stimmten ausgezeichnet mit den Ergebnissen der Dantec-Sonden überein, so daß keine zusätzlichen Maßnahmen zur Vermeidung von Leitungseffekten erforderlich waren.

Der Aufbau der Hitzdrahtsonden ist in Abb. 4.3 dargestellt. Für die Messung der Geschwindigkeitsableitungen mußten beide Sonden unter einem Winkel von knapp 6° zur Strömung angestellt werden, um sie ausreichend nahe zueinander positionieren zu können. Die beiden Sonden waren jeweils auf einer Lineartraversierung der Fa. Oriel montiert, deren Achsen senkrecht zueinander ausgerichtet waren, so daß die Sonden in $x_2$- und $x_3$-Richtung positioniert werden konnten. Die Traversiertische waren mit Schrittmotoren ausgestattet, die die Veränderung des Sondenabstands mit einer Genauigkeit von $<$0.01mm erlaubten. Die Sonden und die Traversiertische waren auf einer Drehstufe montiert, die sowohl die Ausrichtung der Sonden zur Strömung als auch die Messung verschiedener Geschwindigkeitskomponenten bzw. verschiedener Ableitungen gewährlei-

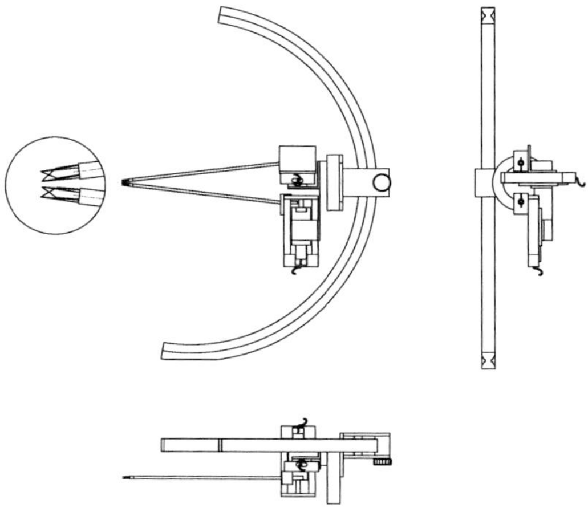

Abb. 4.3: Skizze der Sondenanordnung zusammen mit den Traversiertischen und der Drehstufe zur Ausrichtung und Orientierung der Sonden bzw. zur Veränderung des Sondenabstands. Der gesamte Aufbau ist an einer kreisbogenförmigen Führungsschiene montiert, die zur Richtungskalibrierung der Sonden diente.

stete. Die Ausrichtung der Sonden zueinander und zur Strömung erfolgte unter dem Mikroskop mit Hilfe einer Kreuzstrichplatte im Okular. Auf diese Weise konnte sichergestellt werden, daß die durch die Drähte aufgespannte Ebene der X-Drahtsonde jeweils in Koordinatenrichtung ($x_2$- bzw. $x_3$-Achse) lag und die Ausrichtung der Sonden zueinander optimal war. Zur Bestimmung des Abstands zwischen zwei Hitzdrahtsonden, der für die Messung von Geschwindigkeitsgradienten bekannt sein muß, diente ein Meßokular. Bei der Verwendung eines Paars von Normaldrahtsonden lag die Meßgenauigkeit (Kalibrier- und Ablesegenauigkeit des Meßokulars sowie Reproduzierbarkeit) bei etwa $\pm 0.02$mm. Abb. 4.4 zeigt eine Fotografie des Hitzdrahtaufbaus zusammen mit dem verwendeten Mikroskop.

Im Gegensatz zu den Normaldrahtsonden ist die Bestimmung des Sondenabstands zweier X-Drahtsonden etwas schwieriger, da die Drähte einer X-Drahtsonde einen Abstand voneinander aufweisen und somit das „Meßvolumen“ nicht exakt definiert ist. Da jede X-Drahtsonde Fertigungstoleranzen aufweist, liegen auch die Ebenen, die von den beiden Drähten aufgespannt werden, nicht genau parallel zueinander, und auch die Länge der Drähte ist stets etwas unterschiedlich. Um einen „effektiven“ Sondenabstand zu ermitteln, wurden jeweils die Abstände der vier Paare der Drahthalterspitzen gemessen und der Mittelwert dieser Messungen gebildet. Die Werte der Einzelmessungen schwankten

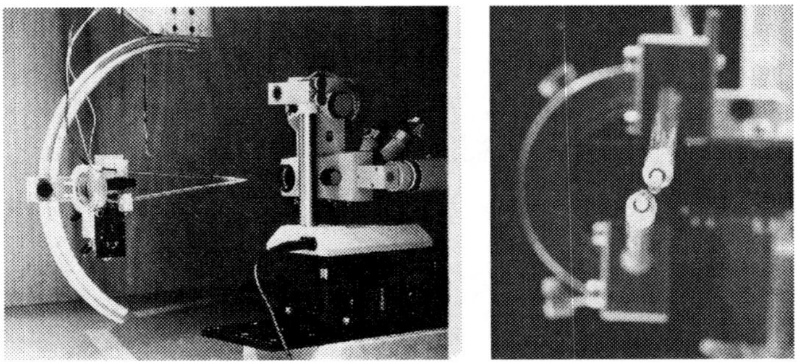

Abb. 4.4: links: Fotografie des Hitzdrahtaufbaus in der Meßstrecke zusammen mit dem für die Ausrichtung der Sonden und zur Messung des Sondenabstands eingesetzten Mikroskop; rechts: Frontansicht der beiden X-Drahtsonden

dabei um bis zu ±0.05mm.

Um die erforderlichen Korrekturen möglichst gering zu halten, ist ein kleiner Sondenabstand wünschenswert. Da jedoch bereits der Drahtabstand innerhalb einer X-Drahtsonde 1mm beträgt, ein Mindestabstand von 0.5mm zwischen den Drahthaltern der beiden Sonden gewährleistet sein muß und zudem noch Nichtparallelitäten und unterschiedliche Längen der einzelnen Drähte aufgrund der erwähnten Fertigungstoleranzen hinzukommen, ergibt sich ein minimaler Sondenabstand von etwa 1.6mm.

### 4.3.2 Datenerfassung

Die gesamte Datenerfassung und -verarbeitung erfolgte digital mit Hilfe eines PC. Zur Digitalisierung der Daten wurde eine Data Translation DT2838 Meßwerterfassungskarte eingesetzt, die mit einem 16-bit Analog/Digital-Wandler ausgestattet war. Jeder Eingangskanal dieser Karte war mit einem eigenen Sample&Hold-Baustein bestückt, was eine zeitgleiche Messung aller Kanäle garantierte.

Zur Verringerung des elektronischen Rauschens wurde eine Signal-Konditionierungseinheit eingesetzt. Die Charakteristik des eingebauten Tiefpaßfilters entsprach einem zweipoligen Butterworth-Filter, d.h. einer Flankensteilheit von -12dB/Oktave. Die eingestellte Grenzfrequenz betrug 5kHz. Der Gleichspannungsanteil wurde subtrahiert und der verbleibende Schwankungsanteil 50fach verstärkt. Bei Messungen mit dem StreamLine-Anemometer konnte die integrierte Signalkonditionierungseinheit (Flankensteilheit: -18dB/Oktave) verwendet werden. Als Grenzfrequenz des Tiefpaßfilters wurde in diesem Fall 10kHz eingestellt und ein Verstärkungsfaktor von 256 gewählt. Die Filtergrenzfrequenzen (5 bzw. 10kHz) lagen deutlich oberhalb der maximal auftretenden Turbulenz-Frequenzen ($f_{max} = U_1/2\pi L_K$=2400Hz im ebenen Nachlauf bzw. 1800Hz im achsensymmetrischen Nachlauf), so daß eine Verfälschung des Signals ausgeschlossen war. Wünschenswert wäre allerdings ein Tiefpaßfilter mit größerer Flankensteilheit gewesen, in diesem Falle hätte die Grenzfrequenz kleiner gewählt und so das Rauschniveau noch weiter gesenkt werden können. Auf den Einfluß des Rauschens wird in Kapitel 5 ausführlicher eingegangen.

Zur Sicherstellung einer ausreichend langen Meßzeit wurde das integrale Zeitmaß aus der gemessenen Autokorrelationsfunktion berechnet. Es betrug im ebenen Nachlauf etwa 0.002s und im achsensymmetrischen Nachlauf etwa 0.0025s. Für 25000-30000 statistisch unabhängige Meßwerte[8] ergibt sich daraus eine Mindestmeßzeit von zwei Minuten. Um eine ausreichende zeitliche Auflösung zur Berechnung der zeitlichen Ableitungen zu gewährleisten, wurde als Abtastfrequenz 12kHz gewählt. Damit ergibt sich im Bereich der Nachlaufachse des ebenen Nachlaufs ein normierter Sondenabstand in Strömungsrichtung $\Delta x_1/L_k = U_1\Delta t/L_k \simeq 1$. Im Außenbereich bzw. beim achsensymmetrischen Nachlauf liegt der Wert sogar noch darunter. Um die Symmetrie der gemessenen Profile überprüfen zu können und die genaue Lage der Nachlaufachse zu bestimmen, wurden beide Seiten der Nachlaufströmung vermessen.

### 4.3.3 Kalibrierung der Hitzdrahtsonden

Alle Sondenkalibrierungen erfolgten in der Grundströmung des Windkanals, außerhalb des Nachlaufgebietes. Die Hitzdrahtsonden waren beweglich auf einer kreisbogenförmigen Trägerschiene befestigt, so daß die Geschwindigkeitskalibrierung jeweils exakt in der späteren Ausrichtung der Sonden zur Strömung durchgeführt werden konnte. Zur Veränderung der Anströmrichtung bei der Richtungskalibrierung konnten die Sonden einfach entlang der Schiene verschoben werden. Die Ablesegenauigkeit betrug hierbei 0.1°. Eine Messung der geometrischen Drahtwinkel war aufgrund dieses Meßaufbaus sowie wegen des gewählten Kalibrierverfahrens nicht erforderlich.

Die Kalibrierkurven der Hitzdrahtsonden wurden vor jeder Messung überprüft, gegebenenfalls wurden die Sonden neu kalibriert. Oftmals war eine Kalibrierung pro Tag ausreichend. Als Vergleichsinstrument diente eine Prandtl-Sonde, der Staudruck wurde mit einem Setra-Druckumformer (Modell 239) bestimmt. Dieser wurde vorab mittels eines Flüssigkeitsmanometers (COMBIST-Mikromanometer der Fa. Perflow) mit einer Auflösung von <0.05Pa kalibriert. Die Geschwindigkeitskalibrierung der Hitzdrahtsonden wurde nach Messung eines vollständigen Profils überprüft, die Abweichungen lagen stets unter einem Prozent, meist sogar unter 0.5%.

Die Richtungskalibrierung der Sonden erfolgte nach der von Bradshaw [8] vorgestellten

[8] Die statistische Unsicherheit der Momente zweiter Ordnung liegt für diese Anzahl von Meßwerten unter 1.5%.

Methode. Bei diesem Verfahren wird davon ausgegangen, daß die Richtungsabhängigkeit des Hitzdrahtes durch eine effektive Kühlungsgeschwindigkeit ausgedrückt werden kann, für die eine einfache Kosinusbeziehung gilt,

$$Q = |\mathbf{U}| \cos(\psi_{eff} + \alpha). \tag{4.1}$$

$|\mathbf{U}|$ ist dabei der Betrag des Geschwindigkeitsvektors, $\alpha$ der Winkel zwischen der Sondenachse und dem Geschwindigkeitsvektor und $\psi_{eff}$ der effektive Drahtwinkel, der jedoch nicht mit dem geometrischen Drahtwinkel $\psi$ übereinstimmen muß, vergleiche Abb. 4.5.

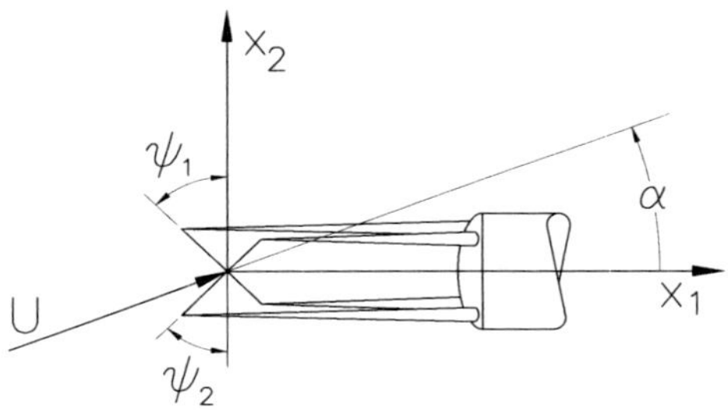


Abb. 4.5: Schematische Darstellung der Anströmverhältnisse an einer X-Drahtsonde

Ziel der Kalibrierung ist die Bestimmung eines effektiven Drahtwinkels $\psi_{eff}$, mit dem sich die beste Anpassung der gemessenen Richtungsabhängigkeit des Hitzdrahtes an den Funktionsansatz (4.1) ergibt. Der geometrische Drahtwinkel $\psi$ muß dabei nicht bekannt sein. Die Durchführung der Richtungskalibrierung verläuft in zwei Schritten. Zuerst wird bei konstanter Anströmrichtung die Anströmgeschwindigkeit variiert und die jeweilige Anemometerspannung $E$ gemessen. In der Regel liegt dabei die Sondenachse parallel zur Strömung, d.h. $\alpha$=0. Aus den Daten werden die Parameter $E_0^2$, $C'$ und $n$ des Potenzansatzes

$$E^2 = E_0^2 + C'Q^n = E_0^2 + C|\mathbf{U}|^n \cos^n(\psi_{eff}) \tag{4.2}$$

bestimmt. Im zweiten Schritt wird bei konstanter Anströmgeschwindigkeit der Anströmwinkel $\alpha$ verändert und die zugehörige Anemometerspannung gemessen,

$$E^2(\alpha) = E_0^2 + C[|\mathbf{U}| \cos(\psi_{eff} + \alpha)]^n . \tag{4.3}$$

Zweckmäßigerweise wählt man als Strömungsgeschwindigkeit gerade die der späteren Messung. Der bislang noch unbekannte Parameter $C$ läßt sich eliminieren, indem $E_0^2$ auf die linke Seite gebracht und die entstehende Gleichung durch sich selbst bei $\alpha$=0 dividiert wird. Man erhält:

$$\left[\frac{E^2(\alpha) - E_0^2}{E^2(\alpha = 0) - E_0^2}\right]^{\frac{1}{n}} = \frac{\cos(\alpha + \psi_{eff})}{\cos \psi_{eff}} \tag{4.4}$$

und durch Umformen die linearisierte Form

$$\cos\alpha - \underbrace{\left[\frac{E^2(\alpha) - E_0^2}{E^2(\alpha=0) - E_0^2}\right]^{\frac{1}{n}}}_{\hat{E}_\alpha} = \tan\psi_{eff}\,\sin\alpha\,. \tag{4.5}$$

Der gesuchte effektive Drahtwinkel ergibt sich aus dem Anstieg der Ursprungsgeraden bei der Auftragung von $\cos\alpha - \hat{E}_\alpha$ gegen $\sin\alpha$. Ist der effektive Drahtwinkel bekannt, so kann aus Gleichung (4.2) der Koeffizient $C$ bestimmt werden.

Abb. 4.6 (links) zeigt eine typische Kalibrierung sowie die aus der Rückrechnung der Kalibrierungsdaten ermittelten Fehler für die beiden Geschwindigkeitskomponenten (rechts). Aufgrund der Neigung der Sondenachse zur Strömung erhöht sich der Betrag des Drahtwinkels 1 um etwa 6°, während der Drahtwinkel 2 um denselben Wert abnimmt. Man erkennt in der linken Abbildung bei Anströmwinkeln $\alpha \leq -10°$ ($\sin\alpha \leq -0.17$) leichte systematische Abweichungen vom linearen Verlauf nach Gleichung (4.5), die sich auch in den berechneten Fehlern der $U_2$-Komponente zeigen.

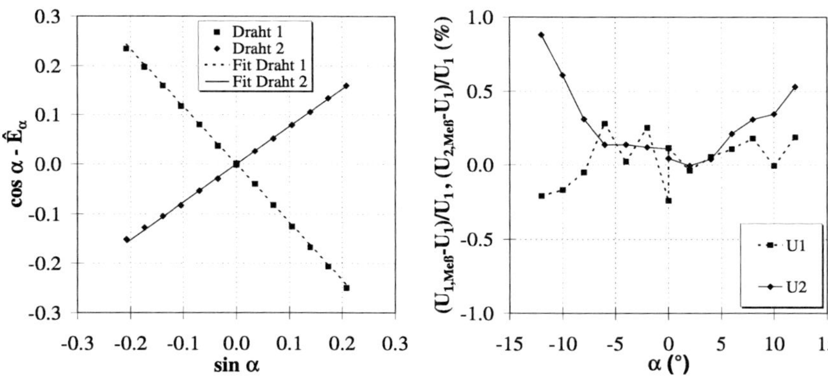


Abb. 4.6: Beispiel der Richtungsalibrierung einer Dantec P61 X-Drahtsonde; links: Bestimmung der effektiven Drahtwinkel gemäß Gleichung (4.5); rechts: Kalibrierfehler, bestimmt durch Vergleich der berechneten Geschwindigkeitskomponenten (aus den gemessenen Spannungen unter Verwendung der ermittelten effektiven Drahtwinkel) mit den tatsächlichen Geschwindigkeitskomponenten

Der Anstellwinkel wurde typischerweise im Bereich $-12° \leq \alpha \leq 12°$ in Schritten von 2° variiert. Da der maximale Anströmwinkel bei den Nachlaufmessungen unter 5° lag, wurden nur Daten aus dem Bereich $-8° \leq \alpha \leq 8°$ zur Berechnung der effektiven Winkel herangezogen, wodurch die Genauigkeit der Kalibrierung nochmals verbessert werden konnte. Aus Abb. 4.6 ist zu erkennen, daß für Anströmwinkel unter 5° der systematische Fehler beider Geschwindigkeitskomponenten unter 0.2% liegt. Die $U_2$-Komponente weist eine geringere Streuung auf, da sie aus der Differenz der Einzelspannungen der beiden Drähte gebildet wird, während für die $U_1$-Komponente beide Drahtspannungen addiert werden.

Gegebenenfalls erforderliche Neigungen der Sondenachse relativ zur Strömungsrichtung (beispielsweise im Fall der Ableitungsmessungen) wurden - wie in Abb. 4.6 gezeigt - durch die effektiven Drahtwinkel erfaßt. Eine aufwendige Bestimmung der Sondenorientierung und eine resultierende Koordinatentransformation vom sondenfesten in das Strömungs-Koordinatensystem waren somit nicht erforderlich.

# 5 Ebener Nachlauf

## 5.1 Selbstähnlichkeit im fernen Nachlauf

### 5.1.1 Mittleres Geschwindigkeitsfeld

Zur Festlegung der Meßposition für die späteren Zweipunktmessungen im selbstähnlichen Bereich des Nachlaufs sowie zur Bestimmung des lokalen Geschwindigkeits- und Längenmaßes wurden in verschiedenen Abständen vom Zylinder Geschwindigkeitsprofile aufgenommen. Am schnellsten erreichen die Profile der mittleren Geschwindigkeit Selbstähnlichkeit ($x_1/D \approx 100$). Die gesamte Turbulenzstruktur hingegen braucht längere Zeit (bzw. größere Entfernungen vom Zylinder) zum Erreichen dieses Zustands, die erforderliche Lauflänge nimmt mit der Ordnung der statistischen Momente zu, vgl. Hinze [34]. Um Selbstähnlichkeit für alle benötigten statistischen Momente nachzuweisen, muß zumindest ein Vertreter jeder Gruppe (mittlere Geschwindigkeit, Momente zweiter und dritter Ordnung, Momente von Geschwindigkeitsableitungen) gemessen werden. Das läßt sich bereits mit einer Normaldrahtsonde realisieren. Im Bereich $200 \leq x_1/D \leq 550$ wurden Profile der mittleren Geschwindigkeit, der Turbulenzintensität $\overline{u_1^2}$, der Dreifachkorrelation $\overline{u_1u_1u_1}$ sowie der zeitlich gemittelten Ableitung $\overline{(\partial u_1/\partial x_1)^2}$ aufgenommen. Die Einzeldrahtmessungen wurden zudem durch X-Drahtmessungen im Bereich $200 \leq x_1/D \leq 400$ ergänzt. Die X-Drahtmessungen lieferten zusätzlich die Profile der Normalspannungen in Querrichtung $\overline{u_2^2}$, der Schubspannung $\overline{u_1u_2}$ und der Dreifachkorrelationen $\overline{u_1u_1u_2}$, $\overline{u_1u_2u_2}$, $\overline{u_2u_2u_2}$. Die Normierung erfolgte unter Verwendung des lokalen Geschwindigkeits- und Längenmaßes $U_S$ und $L$,

$$\frac{U_S}{U_\infty} = A_U \left(\frac{x_1 - x_{1,0}}{D}\right)^{-1/2} , \tag{5.1}$$

$$\frac{L}{D} = A_L \left(\frac{x_1 - x_{1,0}}{D}\right)^{1/2} . \tag{5.2}$$

Bei Vorliegen des Ähnlichkeitszustands müssen die normierten Profile einer statistischen Größe unabhängig von der Entfernung $x_1/D$ vom Zylinder zu einer Kurve zusammenfallen.

Die Konstanten $A_U$ und $A_L$ wurden so bestimmt, daß $U_S$ und $L$ den Definitionen gemäß Kapitel 2.2.3 entsprechen. Durch Anpassung der Ansätze (5.1) und (5.2) an die Meßdaten ergaben sich für $A_U$, $A_L$ und $x_{1,0}/D$ Werte von 1.17, 0.20 und -67. Tabelle 5.1 zeigt einen Vergleich der Ähnlichkeitsparameter mit Werten aus der Literatur.[9] Es wurden nur Daten von Nachlaufströmungen hinter Kreiszylindern dargestellt. Von Townsends [83] Daten abgesehen, sind die Abweichungen zwischen den Werten der einzelnen Experimente nicht sehr groß. Die Ähnlichkeitsparameter $A_U$ und $A_L$ von Nachlaufströmungen hinter

[9] Ye [95] verwendete unterschiedliche Werte für $x_{1,0}$ in (5.1) und (5.2). Die in Tabelle 5.1 angegebenen Werte wurden daher mit einem einheitlichen $x_{1,0}$ neu berechnet !

| Autor | $D$ | $Re_D$ | $A_U$ | $A_L$ |
|---|---|---|---|---|
| Townsend [83] | 1.59 | 1360 | 0.93 | 0.215 |
| Freymuth & Uberoi [24] | 2.8 | 1140 | 1.17 | 0.21 |
| Fabris [22] | 6.25 | 2700 | 1.18 | 0.21 |
| Wygnanski et al. [92] | 0.74-4.76 | 1280-6400 | 1.20 | 0.20 |
| Antonia & Browne [2] | 2.67 | 1170 | 1.28 | 0.20 |
| Aronson & Löfdahl [5] | 4.0 | 1840 | 1.22 | 0.20 |
| Ye [95] | 3.0 | 1340 | 1.19 | 0.21 |
| eigene Meßwerte | 3.0 | 1320 | 1.17 | 0.20 |

Tabelle 5.1: Vergleich der Ähnlichkeitsparameter $A_U$ und $A_L$ mit Daten aus der Literatur. Die Werte von Wygnanski et al. [92] sowie Aronson & Löfdahl [5] wurden mit den jeweils angegebenen $c_D$-Werten von 0.95 bzw. 0.96 und Gleichung (5.9) umgerechnet.

anderen Turbulenzerzeugern, wie quadratischer Zylinder, ebene Platte usw., unterscheiden sich hingegen deutlich von den in Tabelle 5.1 angegebenen Werten. Die sich daraus ergebende Frage nach einer universellen Entwicklung turbulenter Nachlaufströmungen bzw. die Ursachen für die beobachteten Abweichungen wurden in der Vergangenheit von verschiedenen Autoren untersucht.

In den Arbeiten von Narasimha & Prabhu [58], Sreenivasan [77] und Sreenivasan & Narasimha [76] wurde der Frage nachgegangen, ob sich zumindest für den Grenzfall kleiner Geschwindigkeitsdefekte ($U_S \rightarrow 0$) universelle Ähnlichkeitsparameter $A_U^*$ und $A_L^*$ ergeben. Die Autoren stellten beträchtliche Unterschiede zwischen den Ähnlichkeitsparametern der mit verschiedenen Turbulenzerzeugern generierten Nachläufe bei größeren Geschwindigkeitsdefekten $U_S$ fest, die sich jedoch mit kleiner werdendem $U_S$ verringern. Sie schlußfolgerten, daß es einen universellen asymptotischen Ähnlichkeitszustand für den ebenen Nachlauf gibt, der unabhängig von den Anfangsbedingungen ist, und leiteten aus eigenen experimentellen Daten und analytischen Grenzwertbetrachtungen die folgenden asymptotischen Ähnlichkeitsparameter ab:[10] $A_U^*{=}1.15$ und $A_L^*{=}0.21$. Allerdings ist die Streuung der Daten aus verschiedenen Experimenten um diese asymptotischen Werte recht groß.

Wygnanski et al. [92] zeigten in einer sorgfältigen Untersuchung verschiedener Nachlaufströmungen und verschiedener Turbulenzerzeuger, daß sowohl die Ähnlichkeitsparameter $A_U$ und $A_L$ als auch die normierten Verteilungen der Reynoldsschen Spannungen $\langle u_i u_j \rangle(\eta)$ von den Anfangsbedingungen und vom Turbulenzerzeuger abhängen. Für Kreiszylinder erhielten sie die in Tabelle 5.1 angegebenen Werte. Übereinstimmend mit

[10] Die von Sreenivasan & Narasimha [76] angegebenen Werte basieren auf der Impulsverlustdicke $\theta$. Da keine Angaben über $\theta$ vorlagen, wurden die Werte mit Hilfe der für den Kreiszylinder gültigen Beziehung (5.9) und $c_D \approx 1$ umgerechnet.

Sreenivasan & Narasimha [76] fanden die Autoren hingegen, daß die mit den individuellen Parametern $A_U$ und $A_L$ normierten mittleren Geschwindigkeitsverteilungen $f(\eta)$ die gleiche Form aufwiesen.

Ist die mittlere Geschwindigkeitsverteilung $f(\eta)$ universell, so läßt sich mit Hilfe der integralen Impulsbilanz ein Zusammenhang zwischen den Ähnlichkeitsparametern ableiten. Setzt man den Ansatz (2.55) für die mittlere Geschwindigkeit in Gleichung (2.51) ein, so erhält man (vgl. Sreenivasan & Narasimha [76]):

$$\frac{\theta}{L} = \frac{U_S}{U_\infty}\left(I_1 - \frac{U_S}{U_\infty} I_2\right), \tag{5.3}$$

$$I_n = \int_{-\infty}^{\infty} f^n(\eta)\, d\eta\,, \;\; (n = 1, 2)\,, \tag{5.4}$$

wobei sich gemäß Kapitel 2.2.3 nur bei Vernachlässigung des zweiten Terms in der Klammer von (5.3), d.h. für $U_S \ll U_\infty$ kein Widerspruch zur Impulsgleichung ergibt. Unter Verwendung der Gleichungen (5.1) und (5.2) ergibt sich für das Integralmoment $I_1$:

$$I_1 = \frac{1}{2A_U A_L}\,. \tag{5.5}$$

Die Integration des mittleren Geschwindigkeitsprofils ergibt gemäß (5.5) für kleine $U_S$ gerade den Wert $(2A_U A_L)^{-1}$. Sowohl Sreenivasan & Narasimha [76] als auch Wygnanski et al. [92] gaben für die normierte mittlere Geschwindigkeitsverteilung die exponentielle Verteilung

$$f(\eta) = e^{-0.637\eta^2 - 0.056\eta^4} \tag{5.6}$$

an, mit der sich $I_1$=2.063 ergibt. Der von Sreenivasan & Narasimha [76] extrapolierte Wert $(2A_U^* A_L^*)^{-1}$=2.07 ist praktisch identisch. Die Meßergebnisse von Wygnanski et al. [92] folgten mit guter Genauigkeit dem Verlauf von Gleichung (5.3) - eine Forderung der integralen Impulsbilanz. In Kapitel 5.2 wird noch gesondert auf die integrale Impulsbilanz eingegangen. Mit den in Tabelle 5.1 angegebenen (eigenen) Werten[11] erhält man $(2A_U A_L)^{-1}$=2.08, die Daten von Wygnanski et al. [92] ergeben 1.98.

Ein universeller Ähnlichkeitszustand, der alle Turbulenzstatistiken einschließt, existiert für den ebenen Nachlauf nicht. Universell ist nach übereinstimmenden Ergebnissen einer Vielzahl von Experimenten lediglich die normierte mittlere Geschwindigkeitsverteilung und damit auch der Zusammenhang zwischen $A_U$ und $A_L$ gemäß Gleichung (5.3). Die gute Übereinstimmung der Ähnlichkeitsparameter in Tabelle 5.1 deutet jedoch darauf hin, daß unter kontrollierten Laborbedingungen für ähnliche Geometrien auch die Entwicklung der Nachlaufströmungen gleich ist. Die leichten Abweichungen zwischen den Werten liegen im Rahmen der Meßgenauigkeit, wenn man die hohen Genauigkeitsanforderungen

[11] Da in Tabelle 5.1 der Zylinderdurchmesser $D$ zur Normierung verwendet wurde, muß $A_L$ mit $\sqrt{c_D}$ multipliziert werden.

an derartige Messungen berücksichtigt. Soll beispielsweise die Meßunsicherheit des normierten mittleren Profils 3% nicht übersteigen, so muß bei einem typischen Geschwindigkeitsdefekt von 5% die Unsicherheit bei der Bestimmung der mittleren Geschwindigkeit kleiner als 0.15% sein. Darüber hinaus wurde zur Bestimmung der Ähnlichkeitsparameter jeweils über unterschiedliche Bereiche ($x_1/D$) gemittelt (in denen z.T. auch Abweichungen von der Forderung $U_S \ll U_\infty$ auftreten), woraus sich weitere Unterschiede ergeben. Lediglich Townsends [83] Daten weisen signifikante Unterschiede auf, deren Ursachen nicht erklärt werden können. Die Abmessungen der Windkanal-Meßstrecke entsprachen denen von Browne et al. [11], der Turbulenzgrad in der Grundströmung war vergleichbar mit anderen Experimenten, die Zylindertemperatur lag deutlich unter den Werten von Browne et al. [11] und Freymuth & Uberoi [24], der Druckgradient $\partial P_\infty/\partial x_1 = 0$ wurde nach Angaben des Autors durch eine leichte Divergenz der Meßstrecke sichergestellt (vgl. Townsend [82]).

Abb. 5.1 (links) zeigt die gemessenen Profile der mittleren Geschwindigkeit. Als Vergleich ist die Gaußsche Verteilung

$$f(\eta) = e^{-\ln 2\,\eta^2} \tag{5.7}$$

sowie die Verteilung nach Gleichung (5.6) eingezeichnet. Es sind Messungen mit Normal-

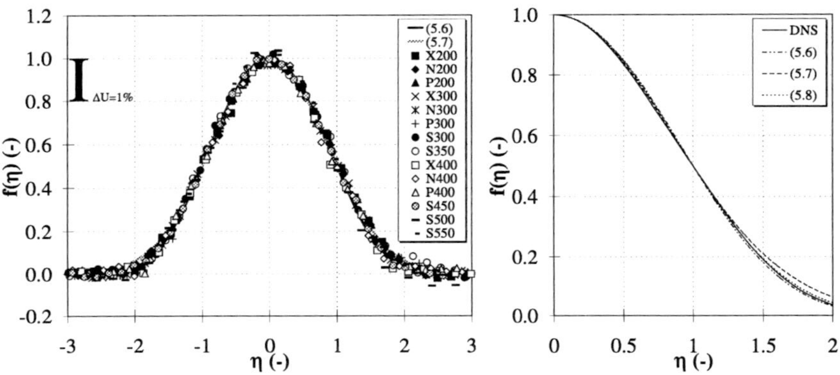


Abb. 5.1: Normierte Verteilung der mittleren Geschwindigkeit im Nachlauf; links: Meßwerte im Bereich 200≤ $x_1/D$ ≤550; rechts: DNS-Daten von Moser et al. [57]

(N,S) und X-Drahtsonden (X) sowie mit einer Prandtl-Sonde (P) dargestellt. Der Fehlerbalken im linken Diagramm entspricht 1% der Außengeschwindigkeit bei $x_1/D$=400. Wie erwartet, liegt bereits bei 200 Zylinderdurchmessern Ähnlichkeit vor. Die Form der Verteilung wird übereinstimmend mit Wygnanski et al. [92] durch Gleichung (5.6) gut wiedergegeben, während mit Gleichung (5.7) im Randbereich keine gute Übereinstimmung mit den Meßdaten erreicht wird.

Interessant ist der Vergleich mit den DNS-Daten von Moser et al. [57]. Hierbei wurde nicht die räumliche, sondern die zeitliche Entwicklung eines Nachlaufs simuliert. Als Anfangsbedingungen dienten die Ergebnisse der Direkten Numerischen Simulation einer turbulenten Grenzschicht von Spalart [75], d.h. es wurde die zeitliche Entwicklung einer Scherschicht simuliert, die dadurch entsteht, daß zum Zeitpunkt $t = 0$ eine unendlich dünne, ebene Platte entfernt wird. Trotz der völlig verschiedenen Randbedingungen weist die in Abb. 5.1 (rechts) dargestellte mittlere Geschwindigkeitsverteilung nahezu den gleichen Verlauf wie die experimentellen Daten auf. Die Integration des Profils ergibt für das Integralmoment $I_1$ einen Wert von 2.066. Lediglich im Randbereich treten kleinere Abweichungen von Gleichung (5.6) auf, die jedoch im Bereich der Meßgenauigkeit liegen, bzw. auch numerisch bedingt sein können. Um den Einfluß der Anfangsbedingungen zu untersuchen, wurden zusätzlich Simulationen mit künstlich verstärkten Störungen durchgeführt. Bei mäßigen Störamplituden ergibt sich für die mittlere Geschwindigkeit ein nahezu identischer Verlauf, während sich für sehr große Störamplituden praktisch kein Ähnlichkeitszustand und damit auch eine abweichende Geschwindigkeitsverteilung ergab. Der Vollständigkeit halber ist in Abb. 5.1 (rechts) zusätzlich die von Townsend [84] für den ebenen Nachlauf vorgeschlagene Verteilung:

$$f(\eta) = e^{-0.6619\eta^2-0.0308\eta^4} \tag{5.8}$$

eingezeichnet, die sich jedoch nur unwesentlich von Gleichung (5.6) unterscheidet.

### 5.1.2 Reynoldssche Spannungen, Momente dritter Ordnung und isotrope Dissipation

Die Verteilung der Turbulenzintensität in Strömungsrichtung $\langle u_1 \rangle$ ist in Abb. 5.2 (oben) dargestellt. In der Legende bezeichnen „N" und „S" wiederum die Normaldraht-Messungen und „X" die Messungen mit einer X-Drahtsonde. Zwischen den Profilen bei $x_1/D$=200 und $x_1/D$=300 sind noch deutliche Unterschiede festzustellen, die Profile bei $x_1/D$=300 und $x_1/D$=400 (bzw. $x_1/D$=350) unterscheiden sich nur noch geringfügig voneinander. Ähnliches gilt für die Profile der Turbulenzintensität in Querrichtung $\langle u_2 \rangle$ und der Schubspannung $\langle u_1 u_2 \rangle$ in den Abb. 5.2 (Mitte) und 5.2 (unten). An der gewählten Meßposition ($x_1/D$=400) für die Zweipunktmessungen weisen die Reynoldsschen Spannungen somit Selbstähnlichkeit auf.

Abb. 5.3 zeigt die Profile der Dreifachkorrelationen $\langle u_1^3 \rangle$, $\langle u_1^2 u_2 \rangle$, $\langle u_1 u_2^2 \rangle$ und $\langle u_2^3 \rangle$. Auch hier treten ab $x_1/D$=300 praktisch keine Unterschiede mehr zwischen den einzelnen Verteilungen auf. In Abb. 5.4 ist schließlich die Verteilung der isotropen Dissipationsrate $\langle \epsilon^{iso} \rangle$ dargestellt, die unter Verwendung der Taylorschen Hypothese gemessen wurde. Erwartungsgemäß wird bei der kleinskaligen Turbulenz der Ähnlichkeitszustand zuletzt erreicht. Die Profile fallen hier etwa ab $x_1/D$=400 zu einer gemeinsamen Kurve zusammen.

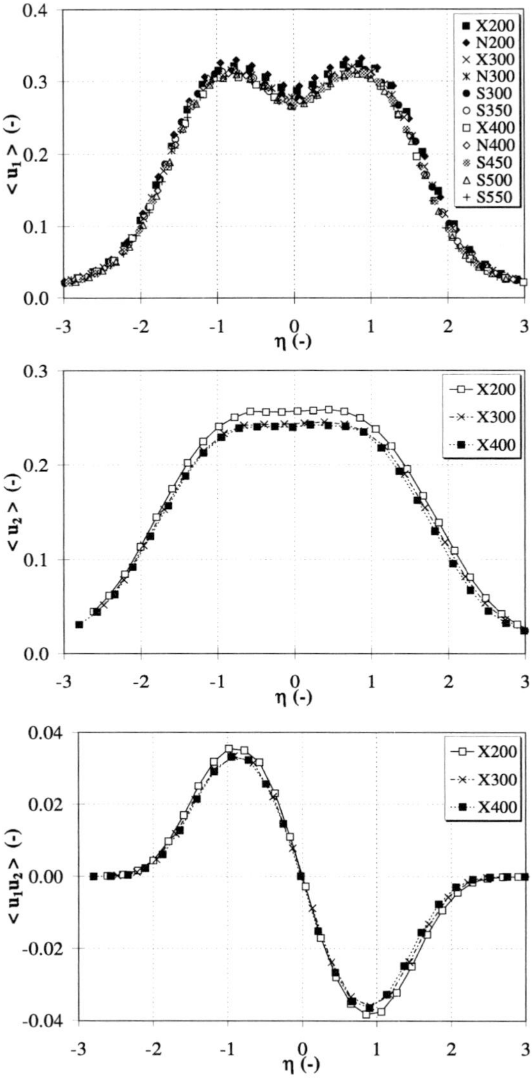


Abb. 5.2: Verteilung der Turbulenzintensitäten $\langle u_1 \rangle$ und $\langle u_2 \rangle$ sowie der Schubspannung $\langle u_1 u_2 \rangle$ an verschiedenen axialen Positionen im Nachlauf, 200 (bzw. 300)$\leq x_1/D \leq$550; oben: $\langle u_1 \rangle$, Mitte: $\langle u_2 \rangle$, unten: $\langle u_1 u_2 \rangle$

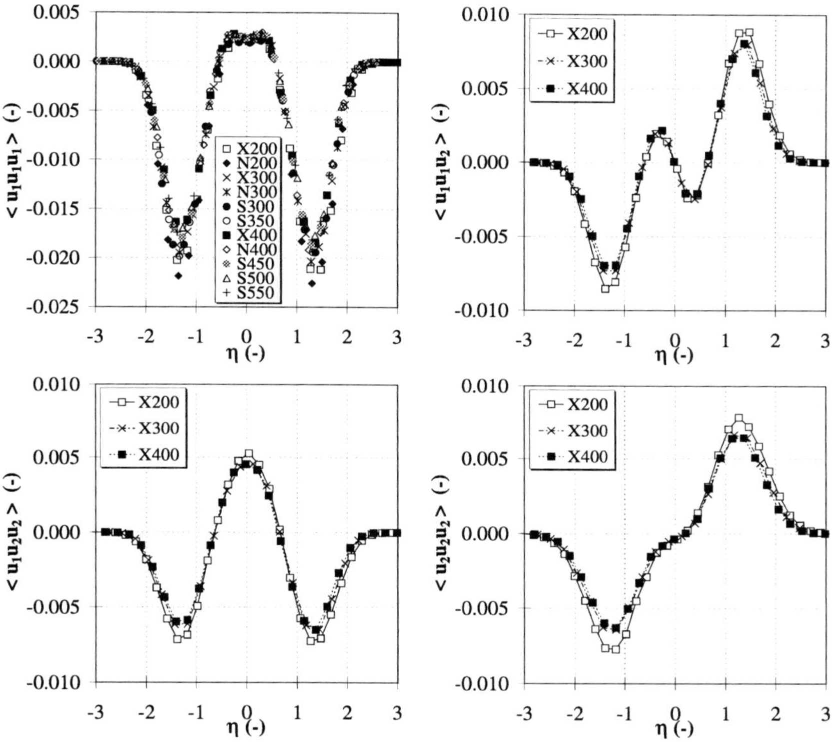


Abb. 5.3: Verteilung der Dreifach-Geschwindigkeitskorrelationen an verschiedenen axialen Positionen (200 (bzw. 300)$\leq x_1/D \leq$550) des Nachlaufes; oben links: $\overline{u_1^3}$; oben rechts: $\overline{u_1^2 u_2}$; unten links: $\overline{u_1 u_2^2}$; unten rechts: $\overline{u_2^3}$

## 5.2 Vergleiche und Konsistenztests der Daten

Um die Zuverlässigkeit der Daten sicherzustellen und die Meßgenauigkeit abzuschätzen, wurde eine Reihe von Vergleichsexperimenten durchgeführt und überprüft, ob die Daten verschiedenen aus den Grundgleichungen ableitbaren Zwangsbedingungen gehorchen.

*Turbulenzstatistiken auf der Nachlaufachse*

Betrachtet man die Turbulenzintensität auf der Nachlaufachse $u_{1c} = (\overline{u_1^2})_c^{1/2}$, so folgt aus Gleichung (5.1): $U_\infty^2/u_{1,c}^2 \propto x_1$. Da, wie im vorangegangenen Abschnitt gezeigt, ab

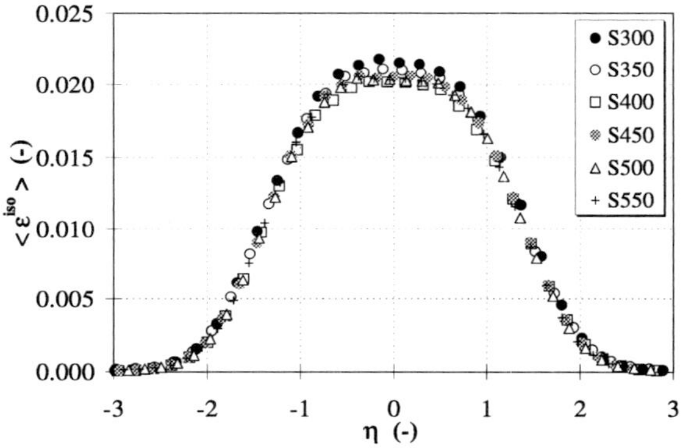


Abb. 5.4: Verteilung der isotropen Dissipationsrate $\langle\epsilon^{iso}\rangle = 15\nu\overline{(\partial u_1/\partial x_1)^2}(L/U_S^3)$ an verschiedenen axialen Positionen ($300\leq x_1/D \leq 550$) des Nachlaufs

$x_1/D \approx$300-400 Ähnlichkeit sowohl für klein- als auch für grobskalige Turbulenz vorliegt, muß für das Taylorsche Mikromaß auf der Nachlaufachse $\lambda_{iso,c} = (15\nu u_{1c}^2/\epsilon_c^{iso})^{1/2}$ gelten: $\lambda_{iso,c}^2 \propto x_1$. Abb. 5.5 zeigt die Verteilungen von $U_\infty^2/u_{1,c}^2$ und $\lambda_{iso,c}^2$ entlang der Nachlaufachse. In beiden Fällen ergibt sich ein linearer Verlauf gemäß den obigen Überlegungen. Die extrapolierten Schnittpunkte der Regressionsgeraden mit der Abszisse in Abb. 5.5

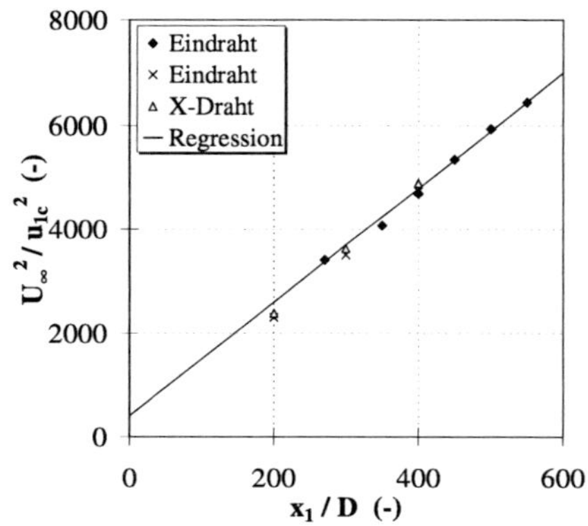


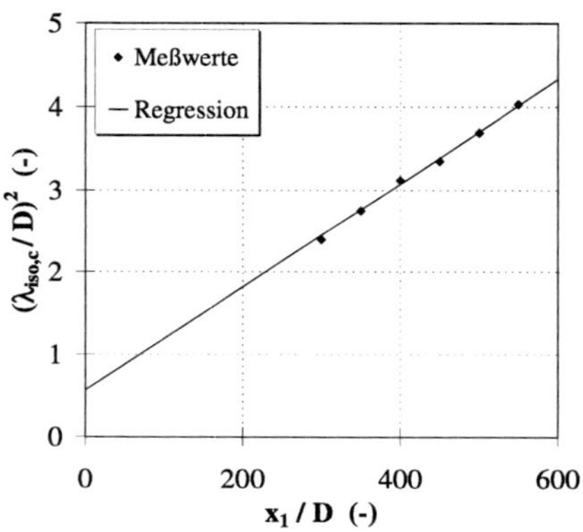


Abb. 5.5: Axialer Verlauf der Turbulenzintensität $u_{1c}$ und des Taylorschen Mikromaßes $\lambda_{iso,c}$ auf der Nachlaufachse; links: $u_{1c}$, rechts: $\lambda_{iso,c}$

bieten einen Anhaltspunkt für die Unsicherheit bei der Bestimmung von $x_{1,0}$, sie beträgt danach etwa ± 20D.

*Integrale Impulsbilanz*

Die aus den einzelnen Meßreihen berechneten Impulsverlustdicken sind in Abb. 5.6 aufgetragen. Gemäß Kapitel 2.2.2 muß die Impulsverlustdicke eine Konstante sein. Die ge-

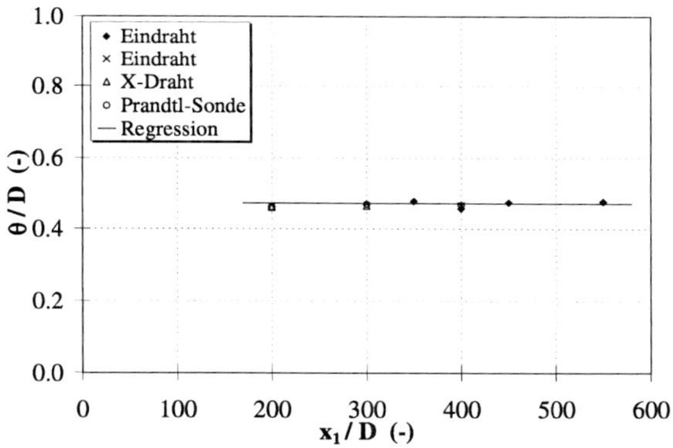


Abb. 5.6: Impulsverlustdicken $\theta$, die durch Integration der mittleren Geschwindigkeitsprofile an verschiedenen axialen Positionen des Nachlaufes bestimmt wurden

messenen Daten weisen einen - innerhalb der Meßgenauigkeit - konstanten Verlauf mit einem Mittelwert von 1.42mm ±0.02mm auf. Aus der Beziehung

$$C_D = \frac{2\theta}{D} \tag{5.9}$$

ergibt sich ein Widerstandsbeiwert $C_D$=0.95 und damit eine ausgezeichnete Übereinstimmung mit den Ergebnissen von Wygnanski et al. [92] und Aronson & Löfdahl [5], die $C_D$=0.96 bzw. $C_D$=0.95 erhielten, sowie mit dem in der Literatur (Hoerner [33]) angegebenen Wert $C_D \simeq 1$.

*Linearisierte Impulsgleichung*

Die Impulsgleichung in $x_1$-Richtung für das Fernfeld ($U_S \ll U_\infty$) einer zweidimensionalen Nachlaufströmung kann vereinfacht geschrieben werden (vgl. Kapitel 2.2.1):

$$U_\infty \frac{\partial U_1}{\partial x_1} + \frac{\partial \overline{u_1 u_2}}{\partial x_2} = 0. \tag{5.10}$$

Gegenüber Gleichung (2.43) wurden die letzten beiden Terme auf der rechten Seite weggelassen, ebenso der zweite Konvektionsterm auf der linken Seite, da diese drei Terme gegenüber den beiden verbleibenden Termen vernachlässigbar sind (vgl. Rotta [68]). Die Integration von Gleichung (5.10) ergibt:

$$\frac{\overline{u_1 u_2}}{U_S^2} = -\frac{A_L}{2A_U}\,\eta f\,. \qquad (5.11)$$

Abb. 5.7 zeigt den Vergleich der gemessenen und nach Gleichung (5.11) bestimmten Schubspannung $\langle u_1 u_2 \rangle$. Das mittlere Geschwindigkeitsprofil $f$ wurde nach Gleichung (5.6) berechnet. Die größten Abweichungen treten im Bereich der maximalen Schubspannung

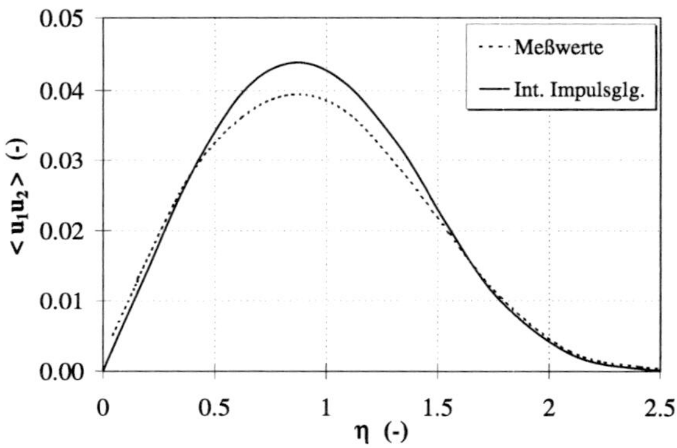


Abb. 5.7: Vergleich der gemessenen turbulenten Schubspannung $\langle u_1 u_2 \rangle$ mit der integrierten Impulsgleichung (5.11)

auf und betragen etwa 10%. Die Meßunsicherheit bei der Bestimmung von $\overline{u_1 u_2}$ wurde durch Auswertung verschiedener Meßreihen abgeschätzt und beträgt in diesem Bereich etwa ±2.5% (vgl. Abb. 5.8). Die Unsicherheit bei der Bestimmung des Geschwindigkeitsdefekts $U_S$ beträgt etwa ±3%, so daß der Größtfehler für den Quotienten auf der linken Seite von Gleichung (5.11) gemäß der Fehlerfortpflanzung 8.5% beträgt. Die Unsicherheit der rechten Seite von (5.11) reduziert sich bei $x_2/L = 1$, d.h. nahe der Position der maximalen Schubspannung, auf die Meßunsicherheit von $A_L/A_U$, da an dieser Stelle definitionsgemäß gilt: $U_\infty - U_1 = U_S/2$. Die Meßunsicherheit für $A_L/A_U$ kann anhand der in Abb. 5.1 dargestellten Meßwerte abgeschätzt werden und liegt ebenfalls in der Größenordnung von 10%. Die in Abb. 5.7 dargestellte Abweichung der Meßwerte von der integrierten Impulsgleichung liegt demnach im Rahmen der Meßgenauigkeit.

*Vergleiche der einzelnen Sondenkonfigurationen*

Um die Genauigkeit und Reproduzierbarkeit der Messungen sowie mögliche systematische Abweichungen zwischen den einzelnen Sondenkonfigurationen abzuschätzen, sollen im fol-

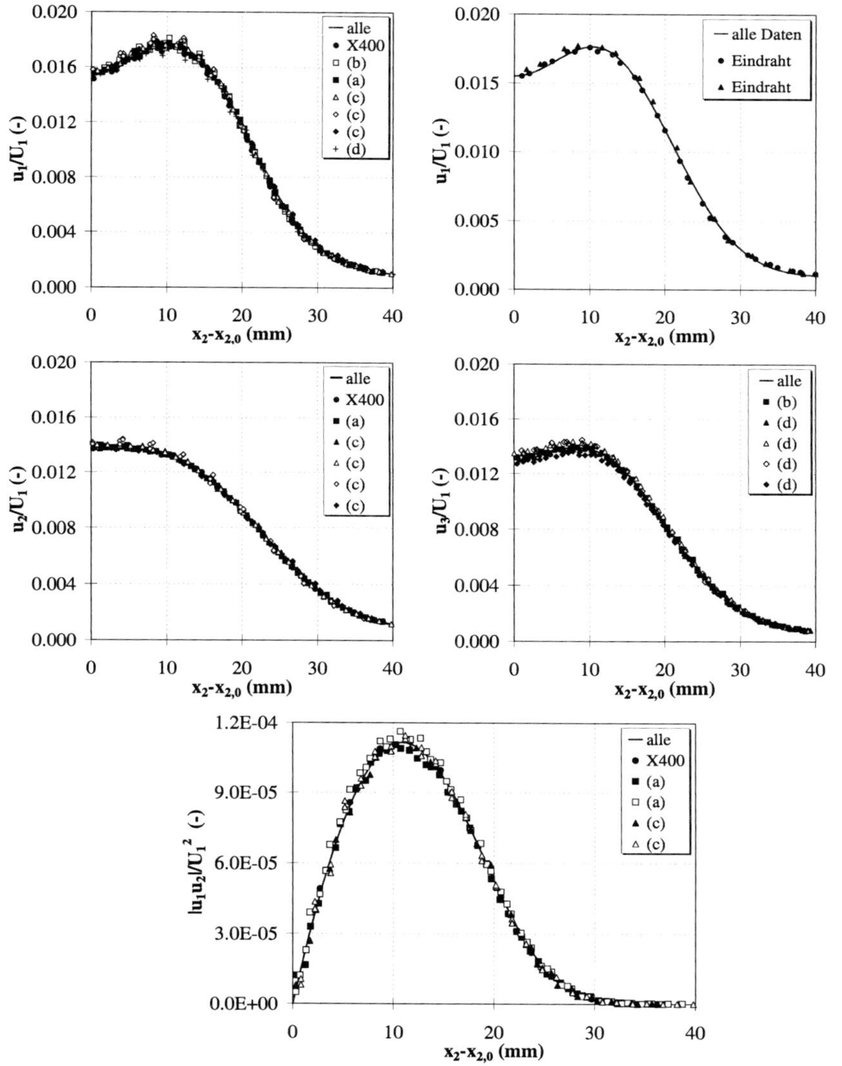


Abb. 5.8: Vergleich der mit X-, Doppel-X- und Normaldrahtsonden gemessenen Turbulenzintensitäten; oben links: $u_1/U_1$, oben rechts: $u_1/U_1$ (Normaldrahtsonde), Mitte links: $u_2/U_1$, Mitte rechts: $u_3/U_1$, unten: $\overline{u_1 u_2}/U_1^2$

genden verschiedene Meßreihen bei $x_1/D$=400 direkt miteinander verglichen werden. Die mit einer Normaldrahtsonde (Dantec P11) und einer X-Drahtsonde (Dantec P61) gemessenen Turbulenzintensitäten $u_1$ sind außerdem in Abb. 5.2 (oben) dargestellt.

Die Abb. 5.8 (oben links und Mitte) zeigen einen Vergleich der mit einer X-Drahtsonde gemessenen Turbulenzintensitäten aus verschiedenen Meßreihen. Bis auf eine Meßreihe wurden die Daten aus Messungen mit einer Doppel-X-Drahtanordnung entnommen (Konfigurationen (a)-(d) in Abb. 3.1), die Abbildungen zeigen stets die Meßergebnisse *beider* X-Drahtsonden auf *beiden* Seiten des Nachlaufs, d.h. die negativen $x_2$-Werte wurden mit -1 multipliziert. Einige der Meßreihen wurden in kurzer Zeit hintereinander durchgeführt, andere wurden einige Monate später aufgenommen, verbunden mit einem vollständigen Neuaufbau des gesamten Experiments inklusive der eingesetzten Hitzdrahtmeßtechnik. Die maximalen Abweichungen zwischen den Profilen betragen etwa ±2-3%. In Abb. 5.8 (oben rechts) sind zwei mit einer Normaldrahtsonde gemessene Profile (wiederum beide Seiten des Nachlaufs) der Turbulenzintensität $\langle u_1 \rangle$ im Vergleich mit dem Mittelwert der X-Drahtprofile dargestellt. Die Profile sind praktisch identisch. Abb. 5.8 (unten) zeigt die Profile der Schubspannung $\langle u_1 u_2 \rangle$, die maximalen Abweichungen zwischen den einzelnen Meßreihen betragen hier etwa ±4%.

Die gute Übereinstimmung der gemessenen Turbulenzstatistiken ist insbesondere für die Zweipunktmessungen wichtig, da ansonsten auch die Differenzen zwischen den beiden Sonden und damit die gemessenen Ableitungen fehlerbehaftet sind. Die Messungen sind ein Indiz dafür, daß die gegenseitige Beeinflussung der beiden Sonden in einer Doppel-X-Drahtanordnung gering ist, insbesondere, wenn man die sehr gute Übereinstimmung mit den Normaldrahtmessungen hinzunimmt.

*Vergleiche der gemessenen Reynolds-Spannungen mit Ergebnissen aus der Literatur*

Die Reynoldsschen Spannungen im selbstähnlichen Nachlauf sind durch Gleichung (2.55) gegeben. Lange Zeit wurde angenommen, daß die dimensionslosen Verteilungen $\langle u_i u_j \rangle$ wie bereits die normierte Geschwindigkeitsverteilung $f(\eta)$ universelle Funktionen darstellen und damit für alle Nachlaufströmungen gleich sind. Wygnanski et al. [92] konnte hingegen zeigen, daß die Verteilungen $\langle u_i u_j \rangle$ ebenso wie $A_U$ und $A_L$ von den Anfangsbedingungen abhängen. Das bedeutet, daß sich die Verteilungen nicht nur von Turbulenzerzeuger zu Turbulenzerzeuger unterscheiden, sondern daß auch Abweichungen zwischen verschiedenen Experimenten auftreten können, in denen gleiche Turbulenzerzeuger verwendet wurden, da jeder Windkanal eine individuelle Turbulenzstruktur aufweist und zudem die Turbulenzintensitäten verschieden sind. Auf der anderen Seite liegen jedoch $A_U$ und $A_L$ für alle in Tabelle 5.1 dargestellten Untersuchungen (wiederum Townsends [83] Daten ausgenommen) sehr nahe beieinander, so daß man zunächst auch für die Verteilungen $\langle u_i u_j \rangle$ eine sehr ähnliche Form vermuten darf. Im Falle von $\langle u_1 u_2 \rangle$ ergibt sich aus Gleichung (5.11), daß der Verlauf von $2A_U/A_L \langle u_1 u_2 \rangle$ universell sein muß, da die Verteilung $f(\eta)$ für alle Nachlaufströmungen die gleiche Form aufweist. Abb. 5.9 zeigt einen Vergleich der gemessenen Schubspannung mit Werten von Townsend [83], Fabris [22] und Aronson & Löfdahl [5]. Von den anderen in Tabelle 5.1 zitierten Arbeiten liegen keine

Informationen über die Schubspannung vor. Die Messungen von Townsend [83], Browne et al. [11] und Aronson & Löfdahl [5] wurden mit X-Drahtsonden durchgeführt, Fabris [22] verwendete hingegen eine Vierdrahtsonde. Während in Abb. 5.9 (links) der Vergleich

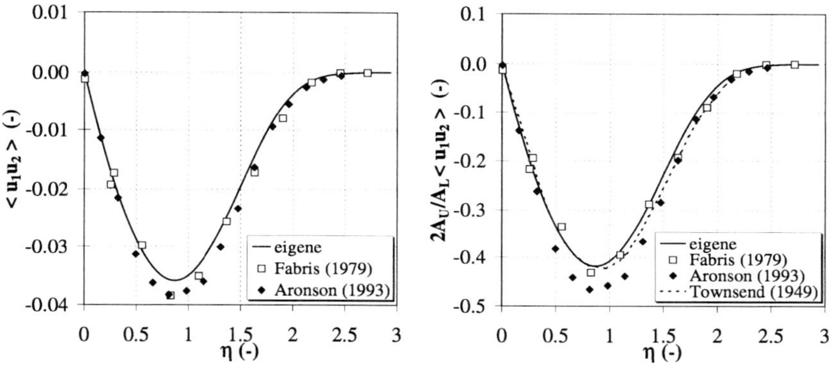


Abb. 5.9: Verteilung der turbulenten Schubspannung $\langle u_1 u_2 \rangle$ im Nachlauf und Vergleich mit Ergebnissen aus der Literatur; links: $\langle u_1 u_2 \rangle$, rechts: $2A_U/A_L \langle u_1 u_2 \rangle$

von $\langle u_1 u_2 \rangle$ dargestellt ist, zeigt Abb. 5.9 (rechts) die Verteilung von $2A_U/A_L \langle u_1 u_2 \rangle$. Die Übereinstimmung der Daten ist in beiden Diagrammen zufriedenstellend, die maximalen Abweichungen betragen etwa 10%, was im Rahmen der Meßgenauigkeit liegt. Auch die Übereinstimmung mit Townsends Meßwerten ist gut und zeigt, daß seine Meßwerte die linearisierte Impulsgleichung (5.10) erfüllen.

Abb. 5.10 zeigt den Vergleich der Turbulenzintensitäten und der Schubspannung mit den Daten von Ye [95]. Die Profile sind praktisch identisch, was die gute Reproduzierbarkeit des Experiments unterstreicht. Die X-Drahtmessungen von Ye [95] in der $x_1$-$x_2$-Ebene mußten allerdings um 2mm verschoben werden, da in Ye [95] nur eine Seite des Nachlaufs vermessen wurde und daher die Position der Nachlaufachse nicht exakt bestimmt werden konnte.

Abb. 5.11 (oben) zeigt einen Vergleich der gemessenen Turbulenzintensität $\langle u_1 \rangle$ mit Werten aus der Literatur. Alle dargestellten Experimente weisen im Rahmen der jeweiligen Meßgenauigkeit einen einheitlichen Verlauf auf. Browne et al. [11] führte Messungen mit verschiedenen Sonden durch, aus deren Vergleich die eingezeichneten Fehlerbalken bestimmt wurden. Dargestellt ist jeweils die gesamte Streubreite der Daten. Der Übersichtlichkeit halber wurde bei Townsends [83] Daten auf die Angabe von Fehlerbalken verzichtet, die Streuung der Daten im Mittenbereich entspricht etwa Brownes [11] Daten, im Randbereich ist sie geringer. Uberoi & Freymuth [87] machten keine Angaben

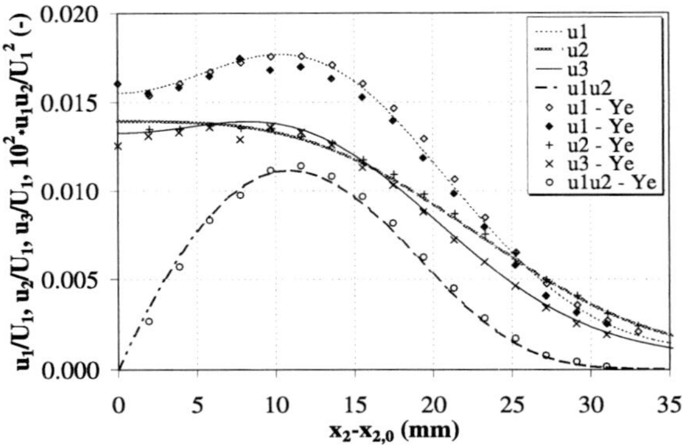


Abb. 5.10: Vergleich der gemessenen Turbulenzintensitäten und der Schubspannung mit den Daten von Ye [95]

hinsichtlich der Parameter $A_U$ und $A_L$. Aus diesem Grund wurden die Werte von Freymuth & Uberoi [24] (Tabelle 5.1) übernommen. Die sich daraus ergebende Unsicherheit ($\pm5\%$ für die Parameter $A_U$ und $A_L$) ist in der Größenordnung der Abweichungen von der durchgezogenen Kurve. Wird beispielsweise anstelle von $A_L$=0.21 der Wert $A_L$=0.20 verwendet, liegen die Meßpunkte genau auf der durchgezogenen Linie.

In den Abb. 5.11 (Mitte) und 5.11 (unten) sind die Turbulenzintensitäten $\langle u_2 \rangle$ und $\langle u_3 \rangle$ dargestellt. Die Übereinstimmung mit den Daten von Fabris [22] und Browne et al. [11] ist gut. Einen deutlich anderen Verlauf weisen die Daten von Townsend [83] auf. Die Ursachen hierfür sind noch unklar. In Kapitel 5.3 wird der Versuch unternommen, die Abweichungen von Townsends Daten mit Hilfe verallgemeinerter Ähnlichkeitsbetrachtungen zu erklären.

## 5.3 Bemerkungen zur Ähnlichkeitstheorie nach George [27]

Die von George [27] vorgeschlagene Verallgemeinerung der klassischen Ähnlichkeitstheorie ermöglicht einen Zusammenhang zwischen den Parametern $A_U$ und $A_L$ und den Profilen der Turbulenzstatistiken. Der Hauptunterschied zur klassischen Ähnlichkeitstheorie besteht darin, daß zunächst für jede statistische Größe (beispielsweise für jede einzelne Reynolds-Spannungskomponente) ein eigenes Geschwindigkeitsmaß zur Normierung zugelassen wird und daß eine Abhängigkeit der Turbulenzstatistiken von den Anfangsbedingungen nicht von vornherein ausgeschlossen wird. Verwendet man für alle Reynolds-

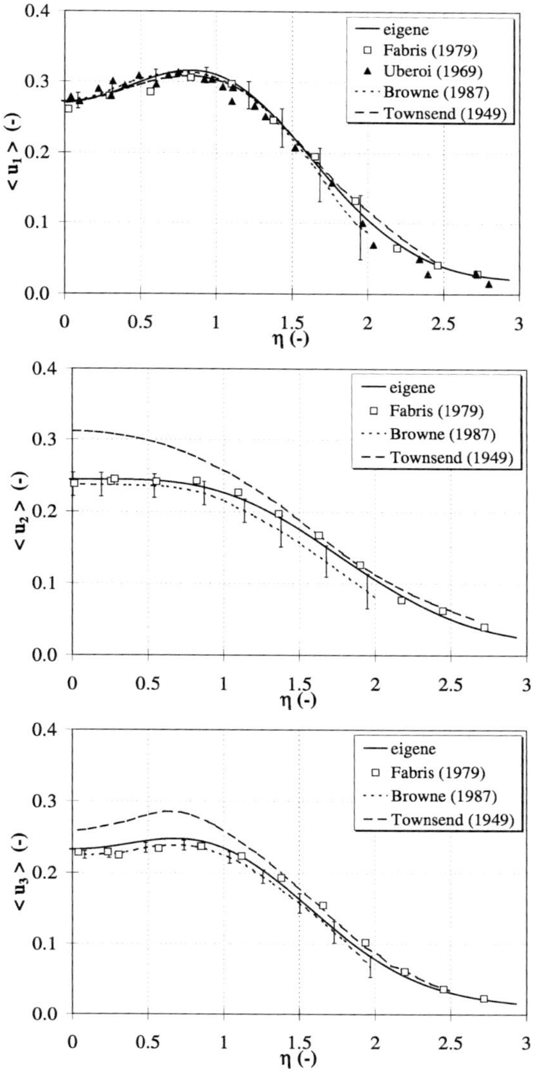


Abb. 5.11: Vergleich der gemessenen Turbulenzintensitäten mit Werten aus der Literatur; oben: $\langle u_1 \rangle$, Mitte: $\langle u_2 \rangle$, unten: $\langle u_3 \rangle$

Spannungskomponenten eigene Geschwindigkeitsmaße $U_{S,ij}$,

$$\overline{u_i u_j} = U_{S,ij}^2 \langle u_i u_j \rangle \ , \tag{5.12}$$

und setzt den Ansatz (5.12) in die Reynolds-Spannungsgleichungen (1.2) ein, so ergeben sich Beziehungen zwischen den einzelnen Geschwindigkeitsmaßen und eine Abhängigkeit von den Anfangsbedingungen, die sich mit Hilfe von dimensionslosen Kennzahlen, wie beispielsweise der Wachstumsrate $\beta$ ausdrücken läßt:

$$\beta = \frac{U_S}{U_\infty} \frac{dL}{dx_1} = \frac{A_L}{2A_U} \, . \tag{5.13}$$

Da eine Abhängigkeit von den Anfangsbedingungen nicht von vornherein ausgeschlossen ist, läßt sich sogar zeigen, daß $\beta$ explizit in den normierten Reynolds-Spannungsgleichungen auftreten muß (nicht jedoch in der $\overline{u_3^2}$-Gleichung). So sind unterschiedliche Verteilungen der einzelnen Terme der Reynolds-Spannungsgleichungen und damit auch der Reynoldsschen Spannungen selbst möglich, wenn die einzelnen Nachlaufströmungen unterschiedliche Werte für $\beta$ aufweisen (vgl. George [27] und Moser et al. [57]). Die Theorie erlaubt anstelle der Normierung mit $U_S^m$ die Normierung mit $U_S^m \beta^n$. Die Anwendung dieser Art der Skalierung wurde von Moser et al. [57] mit mäßigem Erfolg anhand der DNS-Daten einer ebenen Nachlaufströmung gezeigt. Als Vergleich wurde nur ein einziger experimenteller Datensatz (Weygandt & Metha [91]) herangezogen. Die Unterschiede zwischen normierten Profilen der beiden Datensätze waren größer als die Unterschiede zwischen den in Abb. 5.11 dargestellten Profilen. Die Anwendung der von Moser et al. [57] vorgeschlagenen Skalierung auf die einzelnen Turbulenzintensitäten ist in Abb. 5.12 dargestellt. Eine Verbesserung ist nicht zu erkennen - die Übereinstimmung der $u_1$-Komponente wird schlechter, die der $u_3$-Komponente wird besser. Die Abweichungen der $u_2$-Komponente werden im Mittenbereich geringer, im Randbereich hingegen größer. Schwer einsichtig ist zudem, warum die $u_1$-Komponente von Townsend [83] eine gute Übereinstimmung mit allen anderen Profilen aufweist, während im Fall der $u_3$-Komponente größere Abweichungen auftreten, obwohl $\beta$ in der $\overline{u_3^2}$-Gleichung gar nicht auftritt und eine Abhängigkeit von den Anfangsbedingungen lediglich aufgrund der Kopplung mit den anderen Reynolds-Spannungsgleichungen auftreten kann.

Aus der obigen Diskussion kann geschlußfolgert werden, daß sich die in Abb. 5.11 dargestellten Abweichungen von Townsends [83] Daten nicht durch eine einfache Skalierung mit der dimensionslosen Wachstumsrate $\beta$ erklären lassen. Möglicherweise findet sich die Lösung jedoch bei einer vertieften Analyse der Ähnlichkeitsbetrachtungen von George [27].

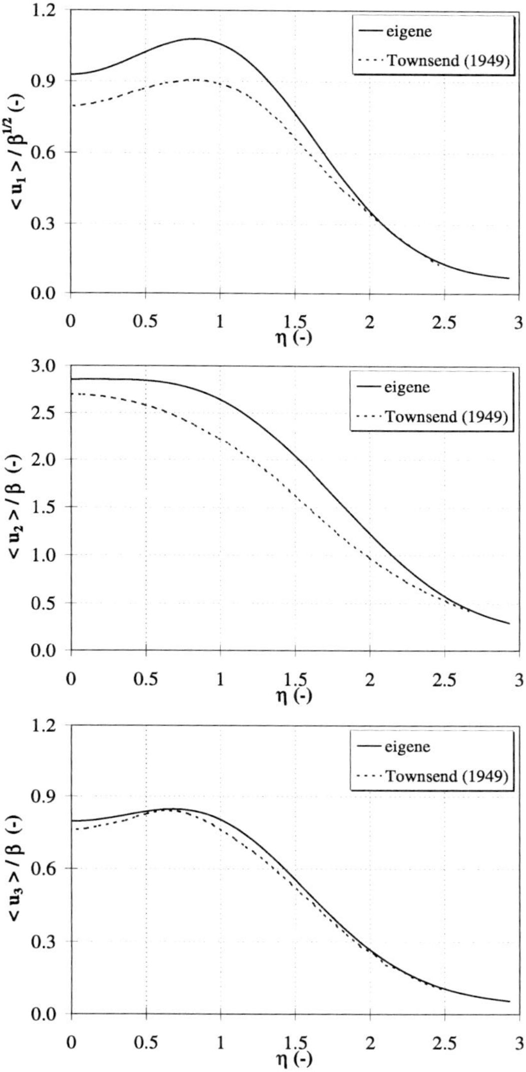


Abb. 5.12: Vergleich der gemäß Moser et al. [57] skalierten Turbulenzintensitäten mit den Daten von Townsend [83]; oben: $\langle u_1 \rangle / \beta^{1/2}$, Mitte: $\langle u_1 \rangle / \beta$, unten: $\langle u_3 \rangle / \beta^{1/2}$

## 5.4 Zeitlich gemittelte Ableitungen der Geschwindigkeitsfluktuationen

### 5.4.1 Ableitungen in Strömungsrichtung

Wie in Kapitel 3.1 dargestellt, wurde zur Bestimmung der Ableitungen in Strömungsrichtung die Taylorsche Hypothese ($\partial/\partial x_1 = -U_1^{-1}\partial/\partial t$) angewendet. Zur Berechnung der Ableitungen aus den gemessenen Zeitreihen $u_i(t)$ wurde der Differentialquotient $\partial/\partial t$ durch den Differenzenquotienten $\Delta/\Delta t$ ersetzt:

$$\frac{\partial u_i}{\partial t} \approx \frac{u_i(t+\Delta t) - u_i(t)}{\Delta t}\,. \tag{5.14}$$

Bei kleiner werdendem $\Delta t$ macht sich das dem Signal überlagerte Rauschen in zunehmendem Maße bemerkbar und führt zu erhöhten Werten der gemessenen Ableitungen. Werden die Zeitintervalle $\Delta t$ hingegen zu groß, erhält man systematische Abweichungen von Gleichung (5.14). Der Fehler, der aus der Differenzenapproximation entsteht, kann mit Hilfe der in Kapitel 3.2 dargelegten Theorie abgeschätzt werden. Zur Bestimmung des Einflusses des Rauschanteils kann man die Autokorrelationsfunktion $\rho_{it}(\Delta t)$ heranziehen:

$$\rho_{it}(\Delta t) = \frac{\overline{u_i(t)\; u_i(t+\Delta t)}}{\sqrt{\overline{u_i^2(t)}}\,\sqrt{\overline{u_i^2(t+\Delta t)}}}\,. \tag{5.15}$$

Aus der Taylorreihenentwicklung der Korrelationsfunktion am Punkt $\Delta t$=0 ergibt sich (Batchelor [7]):

$$\rho_{it}(\Delta t) \simeq 1 - \frac{\Delta t^2}{2\lambda_{it}^2}\,, \tag{5.16}$$

mit

$$\lambda_{it}^2 = \frac{\overline{u_i^2}}{\overline{(\partial u_i/\partial t)^2}}\,. \tag{5.17}$$

Der Abbruchfehler ist von der Ordnung $\Delta t^4$. Gemäß Gleichung (5.16) ergibt die doppeltlogarithmische Auftragung von 1-$\rho_i$ über $\Delta t$ eine Gerade mit dem Anstieg 2. Für kleine Werte von $\Delta t$ sollten sich auch die Meßwerte asymptotisch dem Verlauf dieser Geraden annähern.[12]

Abb. 5.13 zeigt beispielhaft die gemessenen Werte für $\rho_{1t}$ auf der Nachlaufachse ($\eta$=0) sowie im Außenbereich des Nachlaufs ($\eta$=2). Man erkennt die Annäherung an den Verlauf

[12] Der Einfluß der endlichen Drahtlänge auf die gemessene Korrelationsfunktion wurde bei dieser Betrachtung vernachlässigt, was sich anhand einer vereinfachten Abschätzung auch begründen läßt. Streng genommen müßte jedoch nachgewiesen werden, daß die Korrelationsfunktion auch bei endlicher Drahtlänge ein asymptotisches Verhalten gemäß (5.16) aufweist.

der Kurve nach Gleichung (5.16) sowie das durch den Rauschanteil bedingte Abweichen bei kleinen Werten $\Delta t$.

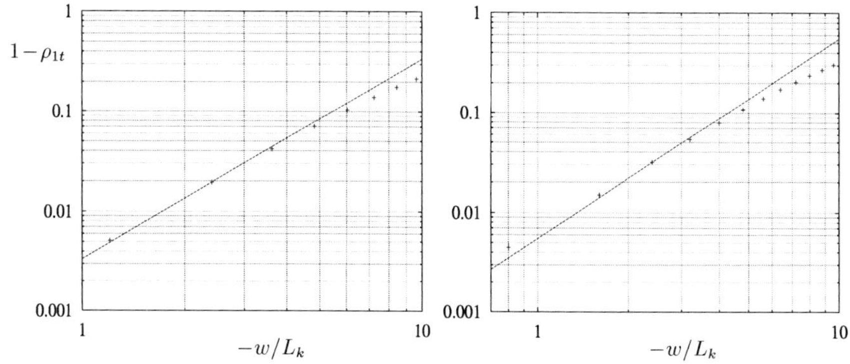


Abb. 5.13: Abschätzung des Einflusses von elektronischem Rauschen auf die zeitlich gemittelten Ableitungen in Strömungsrichtung mit Hilfe der gemessenen zeitlichen Korrelationsfunktion $\rho_{1t}(\Delta t)$: Doppelt-logarithmische Auftragung von $1 - \rho_{1t}(\Delta t)$ bzw. $1 - \rho_{1t}(\Delta t) - \Delta\rho_{1t}$ über $U_1\Delta t/L_k = -w/L_k$ auf der Nachlaufachse (links) sowie im Außenbereich des Nachlaufs (rechts)

In der Regel korreliert der Rauschanteil nicht oder nur schwach mit dem Signal und kann daher durch einen konstanten Wert $\Delta\rho_{1t}$ berücksichtigt werden. Dieser wird so bestimmt, daß sich die korrigierten Werte $1 - \rho_{1t} - \Delta\rho_{1t}$ asymptotisch dem theoretischen Verlauf (durchgezogene Linie in Abb. 5.13) annähern. Die Wahl des Wertes $\Delta\rho_{1t}$ ist mit einer gewissen Unsicherheit verbunden, da der genaue Verlauf von $\rho_{1t}$ nicht bekannt ist. Diese Unsicherheit stellt jedoch kein Problem dar, da das Verfahren lediglich der Abschätzung des Einflusses des Signal-Rauschanteils dient. Aus Abb. 5.13 ist zu erkennen, daß $\Delta\rho_{1t}$ in beiden Fällen sehr klein ist und auf Punkte $-w/L_k > 2$ praktisch keinen Einfluß nimmt.

Die Ableitungen $u_{11}^2$ können für $\Delta x_1/L_k = w/L_k > 2$ mit Hilfe von Gleichung (5.14) bestimmt und gemäß Kapitel 3.2 korrigiert werden. Gleichzeitig können die Meßdaten zur Überprüfung der Gültigkeit der abgeleiteten Korrekturfunktionen dienen. Dazu werden für verschiedene Abstände $\Delta x_1$ die Differenzenquotienten nach Gleichung (5.14) gebildet und die Taylorsche Hypothese sowie die Korrekturen aus Abb. 3.4 angewandt. Abb. 5.14 (links) zeigt einen Vergleich unkorrigierter und korrigierter Ableitungen $u_{11}$ für zwei verschiedene Positionen im Nachlauf ($\eta$=0 und $\eta$=2). Der räumliche Abstand $\Delta x_1$ ist in dimensionsloser Form unter Verwendung des Kolmogorovschen Mikrolängenmaßes $L_k$

dargestellt.[13] Die korrigierten Ableitungen auf der Nachlaufachse weisen einen konstanten Verlauf auf, was auf die Gültigkeit der Korrekturen hindeutet. Im Außenbereich sind die Korrekturen zu klein, was sich mit stärkeren Abweichungen von der lokalen Isotropie, die der Ableitung der Korrekturfunktionen zugrunde liegt, begründen läßt. Insgesamt sind

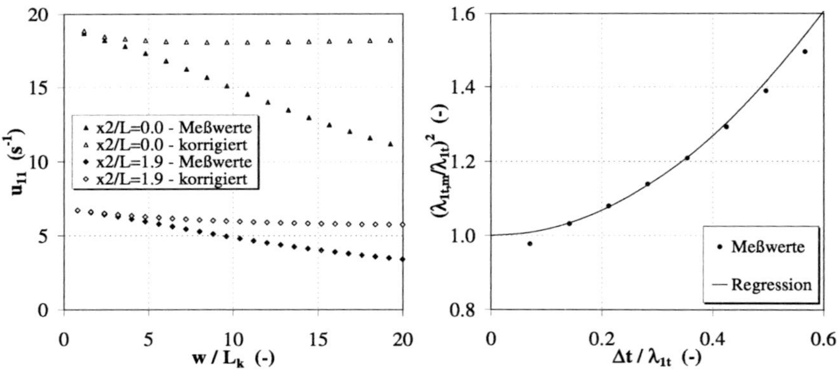


Abb. 5.14: links: Anwendung der Korrekturfunktion $r_{11}$ gemäß Gleichung (3.19) auf die nach Gleichung (5.14), unter Hinzunahme der Taylorschen Hypothese, bestimmte Ableitung $u_{11}^2$ an zwei verschiedenen Positionen im Nachlauf ($\eta$=0 und $\eta$=2); rechts: Bestimmung des Taylorschen Mikromaßes $\lambda_{1t}$ nach Aronson & Löfdahl [5]

die Korrekturen für die Ableitung $u_{11}$ nicht groß, wie aus Abb. 5.14 (links) zu erkennen, beträgt die Dämpfung der gemessenen Ableitung auf der Nachlaufachse für $w/L_k = 2.5$ etwa 3%.

Aronson & Löfdahl [5] verwendeten ein anderes Verfahren zur Bestimmung räumlicher und zeitlicher Ableitungen. Entwickelt man das Taylorsche Mikromaß (Gleichung (5.17)) in eine Taylorreihe, so ergibt sich für das gemessene Taylorsche Mikromaß $\lambda_{1t,m}$ :

$$\left(\frac{\lambda_{1t,m}}{\lambda_{1t}}\right)^2 = 1 + c\left(\frac{\Delta t}{\lambda_{1t}}\right)^2 , \tag{5.18}$$

mit

$$\lambda_{1t,m}^2 = \overline{u_1^2} \Big/ \overline{\left(\frac{u_1(t+\Delta t) - u_1(t)}{\Delta t}\right)^2} . \tag{5.19}$$

[13] $L_k$ wächst von 0.44mm im Bereich der Nachlaufachse auf ≈0.75mm bei $\eta = 2$ an.

Durch Auftragung von $\lambda_{1t,m}^2$ über $\Delta t$ und einer Regression des Funktionsansatzes nach Gleichung (5.18) erhält man das Taylorsche Mikromaß $\lambda_{1t}$ aus dem Schnittpunkt mit der Ordinate. Der Verlauf von (5.18) ist in Abb. 5.14 (rechts) dargestellt. Für kleine $\Delta t$ treten wiederum als Folge des Signal-Rauschanteils Abweichungen auf, während für große $\Delta t$ die Näherung (5.18) ihre Gültigkeit verliert. Aronson & Löfdahl [5] gaben als optimalen Bereich für die Regression $0.1<\Delta t/\lambda_{1t}<0.4$ an, was anhand der eigenen Meßwerte bestätigt werden konnte. Trotz der guten Übereinstimmung wurde das Verfahren nicht zur Bestimmung räumlicher Ableitungen verwendet, da es Messungen mit verschiedenen $\Delta x_i$ erfordert und keine Trennung zwischen den einzelnen Einflüssen von Drahtlänge, Draht- und Sondenabstand zuläßt.

Abb. 5.15 zeigt einen Vergleich der mit unterschiedlichen X-Drahtkonfigurationen gemessenen Ableitungen $u_{11}$ ohne Anwendung von Korrekturen. Zusätzlich sind die Messungen mit einer Normaldrahtsonde eingezeichnet. Im Diagramm sind jeweils *beide* Seiten des Nachlaufs und *beide* Sonden eines X-Drahtpaars dargestellt. Für $x_2<30$mm betragen

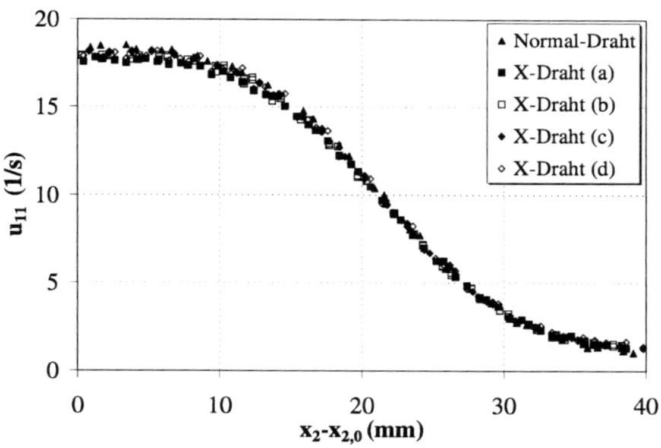


Abb. 5.15: Vergleich der mit verschiedenen Sondenkonfigurationen gemessenen (unkorrigierten) Ableitungen $u_{11} = (\overline{(\partial u_1/\partial x_1)^2})^{1/2}$

die Abweichungen zwischen den einzelnen X-Draht-Meßreihen ±2%. Im unmittelbaren Randbereich ergeben sich aufgrund des etwas unterschiedlichen Rauschniveaus größere Differenzen. Die Normaldraht-Messungen liegen etwa 2-2.5% über dem Durchschnitt der X-Drahtmessungen und weisen ein etwas geringeres Rauschniveau auf.

Die dargestellte Vorgehensweise kann in gleicher Weise zur Bestimmung der Ableitungen $u_{21}$ und $u_{31}$ angewendet werden. Als Test der Korrekturfunktionen $r_{21}$ bzw. $r_{31}$ ($r_{21}$ und $r_{31}$ sind gleich) sind in Abb. 5.16 die gemessenen Ableitungen $u_{21}$ und $u_{31}$ in korrigierter und unkorrigierter Form analog zu Abb. 5.14 an zwei Positionen im Nachlauf ($\eta$=0 und $\eta$=2) dargestellt. Auf der Nachlaufachse erkennt man die gute Anwendbarkeit der Korrekturen, im Außenbereich treten wiederum Abweichungen auf. Gemäß Kapitel 3.2 sind die Korrekturen für die Nichtdiagonalenelemente des Tensors der Geschwindigkeitsableitungen (Gleichung (3.1)) größer als für die Diagonalenelemente. Für $w$=2.4 beträgt $r_{21}$ einer X-Drahtsonde (Dantec P61) beispielsweise 0.90, was einem Fehler von 5% der gemessenen Ableitung $u_{21}$ entspricht.

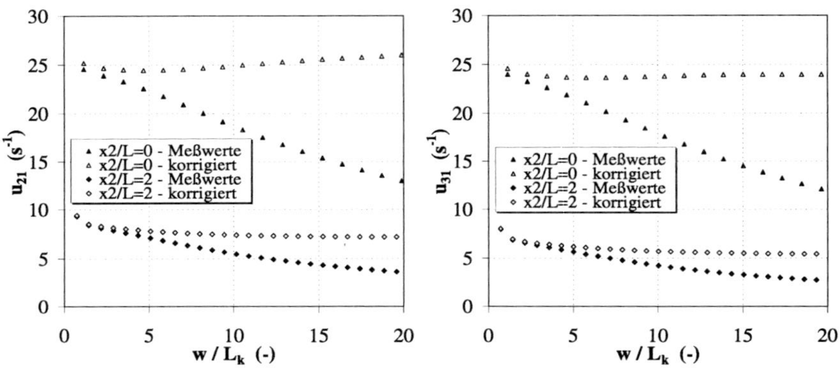


Abb. 5.16: Anwendung der Korrekturfunktionen $r_{21}$ und $r_{31}$ auf die gemessenen Ableitungen $u_{21}$ und $u_{31}$ an zwei verschiedenen Positionen im Nachlauf ($\eta$=0 und $\eta$=2); links: $r_{21}$, rechts: $r_{31}$

### 5.4.2 Ableitungen in Quer- und Spannweitenrichtung

Auch die räumlichen Ableitungen wurden mit Hilfe der Differenzenmethode,

$$\frac{\partial u_i}{\partial x_j} \approx \frac{u_i(\Delta x_j) - u_i}{\Delta x_j}, \quad i = 1,2,3,\ j = 2,3\,, \tag{5.20}$$

bestimmt. Zur Überprüfung der abgeleiteten Korrekturen wurden vorab Testmessungen mit zwei Normaldrahtsonden durchgeführt. Abb. 5.17 zeigt die Anwendung der Korrekturfunktionen $r_{12}$ und $r_{13}$ auf die gemessenen Ableitungen $u_{12}$ und $u_{13}$ an zwei Positionen im Nachlauf ($\eta$=0 und $\eta$=2). Der Sondenabstand wurde wiederum mit dem Kolmogorovschen Mikrolängenmaß $L_k$ normiert. Ähnlich wie bei den Ableitungen in Strömungsrichtung ergibt sich auf der Nachlaufachse jeweils ein näherungsweise konstanter Verlauf der korrigierten Ableitungen, während im Außenbereich die Korrekturen etwas zu kleine Werte aufweisen. Der Sondenabstand bei den Messungen mit zwei X-Drahtsonden

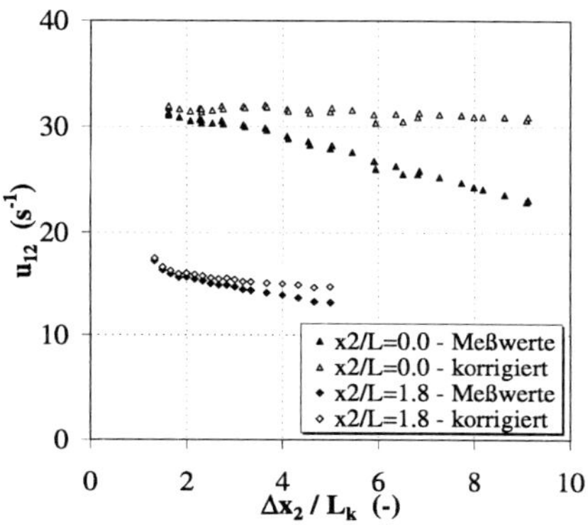


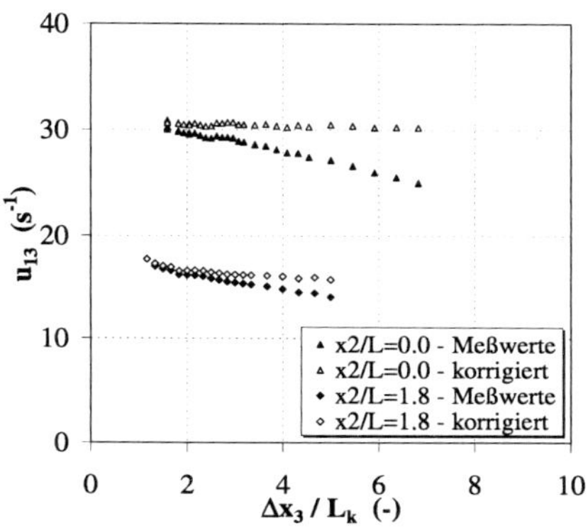


Abb. 5.17: Anwendung der Korrekturfunktionen $r_{12}$ (links) bzw. $r_{13}$ (rechts) nach Gleichung (3.15) auf die mit zwei Normaldrahtsonden gemessenen Ableitungen $u_{12}$ und $u_{13}$ an zwei verschiedenen Positionen im Nachlauf ($\eta$=0 und $\eta$=2)

betrug etwa 1.7mm, was im Außenbereich dem Zweieinhalbfachen des Kolmogovschen Mikrolängenmaßes entspricht. Der Wert der korrigierten Ableitung $u_{12}$ liegt gemäß Abb. 5.17 für diesen Sondenabstand 3% unterhalb des „exakten“ Wertes (bei $u_{13}$ ist es nur 1%), so daß die Anwendung der Korrekturen auch im Außenbereich gerechtfertigt ist.

Während die Bestimmung des Sondenabstands zweier Normaldrahtsonden, wie in Kapitel 4 beschrieben, sehr genau mit Hilfe eines Mikroskops erfolgen kann, ist die Ermittlung des Sondenabstands zweier X-Drahtsonden mit größeren Unsicherheiten verbunden. Aus diesem Grund werden nachfolgend verschiedene Möglichkeiten zur Bestimmung des „effektiven“ Sondenabstands diskutiert. Neben der Messung des Sondenabstands mit Hilfe eines Mikroskops (vgl. Kapitel 4) können die gemessenen Geschwindigkeitsprofile der X-Draht-Konfigurationen (a) und (d) in Abb. 3.1 zur Ermittlung des Sondenabstands herangezogen werden. Diese Profile sind gerade um den Sondenabstand $\Delta x_2$ voneinander verschoben. Die Bestimmung von $\Delta x_2$ ist in Abb. 5.18 anhand der gemessenen Turbulenzintensitäten $u_1/U_1$ und $u_2/U_1$ dargestellt. Unter der Voraussetzung, daß die Korrekturfunktionen $r_{12}$ bzw. $r_{13}$ für zwei Normaldrahtsonden und für zwei X-Drahtsonden den gleichen Verlauf aufweisen (vgl. hierzu Anhang B), zeigen auch die gemessenen Korrelationskoeffizienten $\rho_{12}(\Delta x_2)$,

$$\rho_{12}(\Delta x_2) = \frac{\overline{u_1\, u_1(\Delta x_2)}}{\sqrt{\overline{u_1^2}}\,\sqrt{\overline{u_1^2(\Delta x_2)}}}\,, \tag{5.21}$$

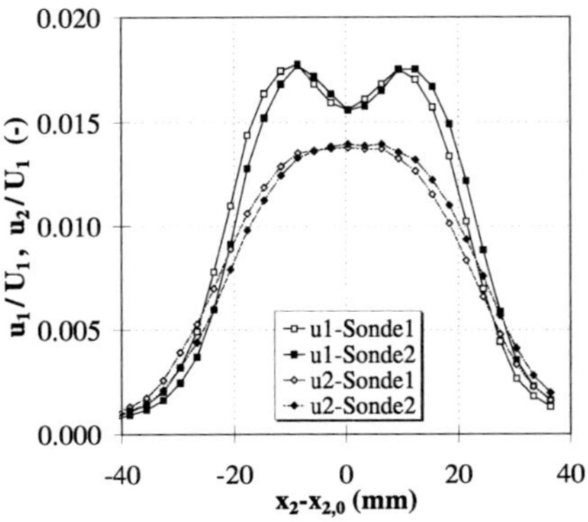


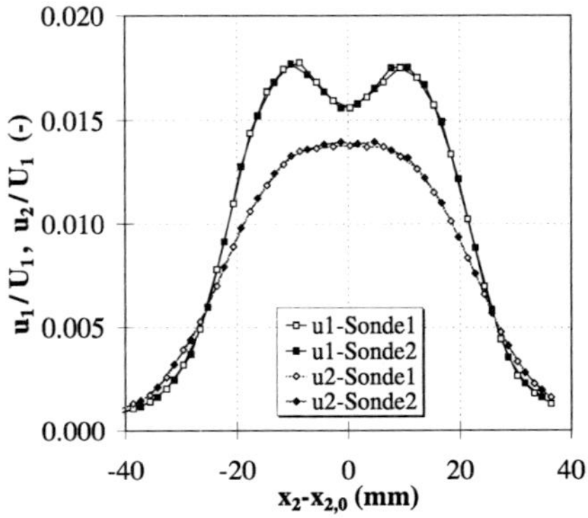


Abb. 5.18: Bestimmung des effektiven Sondenabstands zweier X-Drahtsonden anhand der gemessenen Turbulenzintensitäten $u_1/U_1$ und $u_2/U_1$; links: gemessene Verteilungen der beiden Sonden; rechts: Verteilungen nach Verschiebung der $x_2$-Werte von Sonde 2 um $\Delta x_2$=1.65mm

bzw. $\rho_{13}(\Delta x_3)$ für beide Sondenkonfigurationen gleiche Verläufe. Da die Bestimmung des Sondenabstands sowie die Ausrichtung der Sonden zueinander im Falle von zwei Normaldrahtsonden sehr genau möglich ist, kann die Verteilung der Korrelationskoeffizienten $\rho_{12}$ und $\rho_{13}$ im Nachlauf für verschiedene Abstände $\Delta x_2$ bzw. $\Delta x_3$ gemessen und mit den Profilen der X-Drahtpaare verglichen werden. Abb. 5.19 zeigt die mit zwei Normaldrahtsonden gemessenen Verteilungen der Korrelationskoeffizienten und jeweils eine mit einem X-Drahtpaar der Konfiguration (a) bzw. (b) gemessene Verteilung. Der auf diese Weise (Korrelationsverfahren) bestimmte Sondenabstand lag für die Konfigurationen (a) und (b) etwas unter dem geometrisch bzw. aus der Profilverschiebung bestimmten Sondenabstand. Die Abweichungen zwischen den dargestellten drei Methoden betrugen weniger als 0.1mm. Im Fall der Konfigurationen (c) und (d) sind die Voraussetzungen für die Anwendbarkeit des Korrelationsverfahrens (gleiche Korrekturfunktionen bei gleichen Sondenabständen) weniger gut erfüllt, wie in Anhang B gezeigt wird. Aus diesem Grund traten hier größere Abweichungen auf. Während die Verschiebung der gemessenen Geschwindigkeitsverteilungen gut mit der geometrischen Messung übereinstimmte, ergab die Korrelationsmethode einen um 0.3mm niedrigeren Wert. Möglicherweise machen sich bei diesen beiden Sondenanordnungen auch Versperrungseffekte stärker bemerkbar. Die Sondenkörper mußten näher zueinander positioniert werden, als bei den Konfigurationen (a) und (b), da die X-Drahtsonden immer nur in der Drahtebene gegenüber der Strömung gedreht werden dürfen. Die Drahtebenen müssen stets parallel zur Strömung ausgerichtet sein.

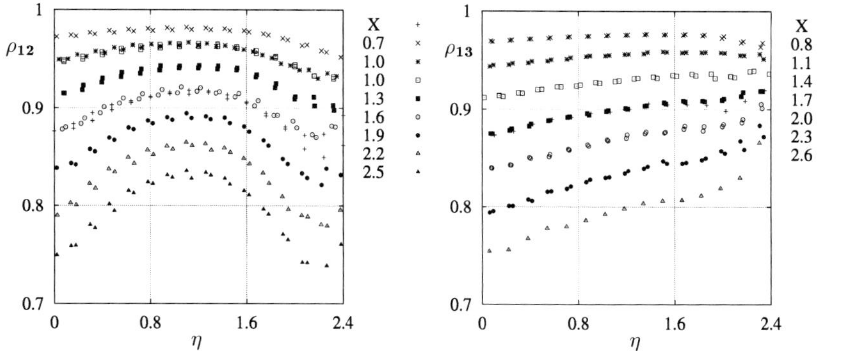


Abb. 5.19: Bestimmung des effektiven Sondenabstands zweier X-Drahtsonden durch Vergleich der gemessenen Korrelationskoeffizienten $\rho_{12}$ und $\rho_{13}$ mit den entsprechenden Verteilungen zweier Normaldrahtsonden, die mit bekanntem Sondenabstand $\Delta x_2$ bzw. $\Delta x_3$ gemessen wurden; links: $\rho_{12}$, rechts: $\rho_{13}$

Abb. 5.20 zeigt einen Vergleich der mit verschiedenen Sondenkonfigurationen gemessenen Ableitungen. Während die gemessenen Ableitungen $u_{12}$ und $u_{13}$ der Konfigurationen (a) und (b) sehr gut mit den jeweiligen Normaldraht-Messungen übereinstimmen, weisen die

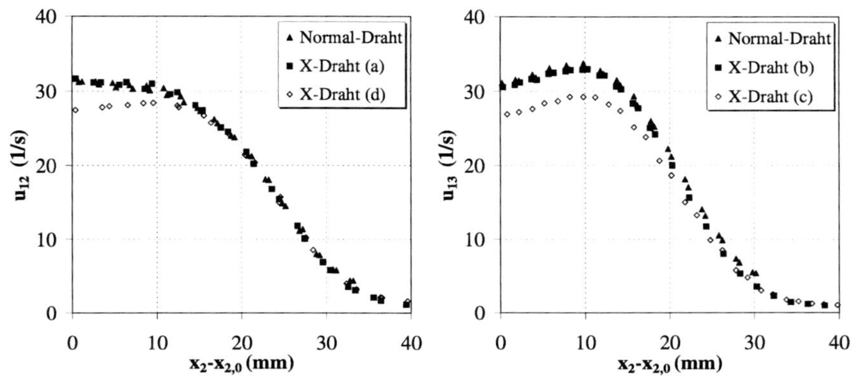


Abb. 5.20: Vergleich der mit zwei Normaldrahtsonden bzw. mit zwei X-Drahtsonden gemessenen Ableitungen $u_{12}$ bzw. $u_{13}$; links: $u_{12}$; rechts: $u_{13}$

mit den Konfigurationen (c) und (d) gemessenen Profile um bis zu 12% niedrigere Werte auf. Von den neun gemessenen Ableitungen $u_{ij}$ sind die Ableitungen $u_{23}$ und $u_{32}$ mit den größten Unsicherheiten verbunden. Alle anderen Ableitungen konnten mit verschiedenen Sondenkonfigurationen gemessen und damit direkt verglichen werden, oder es konnte (im Fall der Ableitungen $u_{22}$ und $u_{33}$) zumindest die Übereinstimmung aller anderen mit der entsprechenden Sondenkonfiguration (a bzw. b) gemessenen Ableitungen nachgewiesen werden.

Abb. 5.21 zeigt die gemessenen Profile aller neun Ableitungen $u_{ij}$. Als Vergleich sind die Messungen von Ye [95] und Browne et al. [11] eingezeichnet. Die von Ye [95] gemessenen Ableitungen in $x_1$-Richtung weisen qualitativ den gleichen Verlauf auf, sind aber um 5-10% höher. Die Ursache hierfür ist das höhere Rauschniveau. Ye [95] stand lediglich ein Tiefpaßfilter mit sehr geringer Flankensteilheit zur Verfügung. Die Ableitungen wurden direkt mit Hilfe von Gleichung (5.14) aus den mit einer Abtastfrequenz von 10kHz aufgenommenen Zeitreihen bestimmt. Damit ergibt sich $\Delta x_1/L_k \approx 1.5$. Wie in Kapitel 5.4.1 gezeigt, ist selbst bei deutlich niedrigerem Rauschniveau dieser Abstand noch zu klein. Die berechneten Ableitungen sind daher zu hoch. Die von Ye [95] gemessenen Profile der Ableitungen in Strömungsrichtung $u_{i1}$ konnten durch eigene Wiederholungsmessungen mit identischer Meßtechnik und der gleichen Abtastfrequenz nahezu exakt reproduziert werden.

Die Übereinstimmung mit den Daten von Browne et al. [11] ist zufriedenstellend. Browne et al. [11] verwendeten Tiefpaßfilter mit guter Filtercharakteristik, die Grenzfrequenz entsprach der maximalen Frequenz ($f_{max} = U_1/2\pi L_k$) von 2400Hz, die Abtastfrequenz betrug 4800Hz. Mit diesen Werten ergibt sich $\Delta x_1/L_k \approx 3$. Ein Rauscheinfluß ist bei diesem Wert nicht zu erwarten, allerdings wurden die gemessenen Ableitungen nicht korrigiert, was die etwas niedrigeren Meßwerte im Vergleich mit den eigenen Messungen erklärt. Unphysikalisch ist allerdings das Abknicken des Profils der Ableitung $u_{31}$ und der anschließende nahezu exakt konstante Verlauf im Mittenbereich.

Die qualitative Übereinstimmung der Ableitungen in $x_2$- und $x_3$-Richtung mit den Daten von Ye [95] ist wiederum gut, Abweichungen im Außenbereich können darauf zurückgeführt werden, daß von Ye [95] nur eine Seite des Nachlaufs vermessen werden konnte, woraus sich Unsicherheiten bei der Bestimmung der Nachlaufachse in der Größenordnung von 2mm ergeben (vgl. Kapitel 5.2). Recht deutlich sieht man dies an den Profilen der Ableitung $u_{32}$ und der mit Konfiguration (c) gemessenen Ableitung $u_{13}$. Allerdings ist zu berücksichtigen, daß keine Korrekturen auf die Daten von Ye [95] angewendet wurden, so daß für den direkten Vergleich alle räumlichen Ableitungen von Ye [95] um 5-10% höher liegen müssen.

Browne et al. [11] verwendeten zur Verifikation der X-Drahtmessung anhand der Ableitungen $u_{12}$ und $u_{13}$ ein Paar von Normaldrahtsonden mit einer Drahtlänge von 0.8mm. Die Ableitungen wurden durch Extrapolation der bei verschiedenen Sondenabständen gemessenen Werte bestimmt. Aufgrund der kleineren Drahtlänge sowie der Extrapolation ist die Übereinstimmung der Ableitungen $u_{12}$ und $u_{13}$ recht gut.

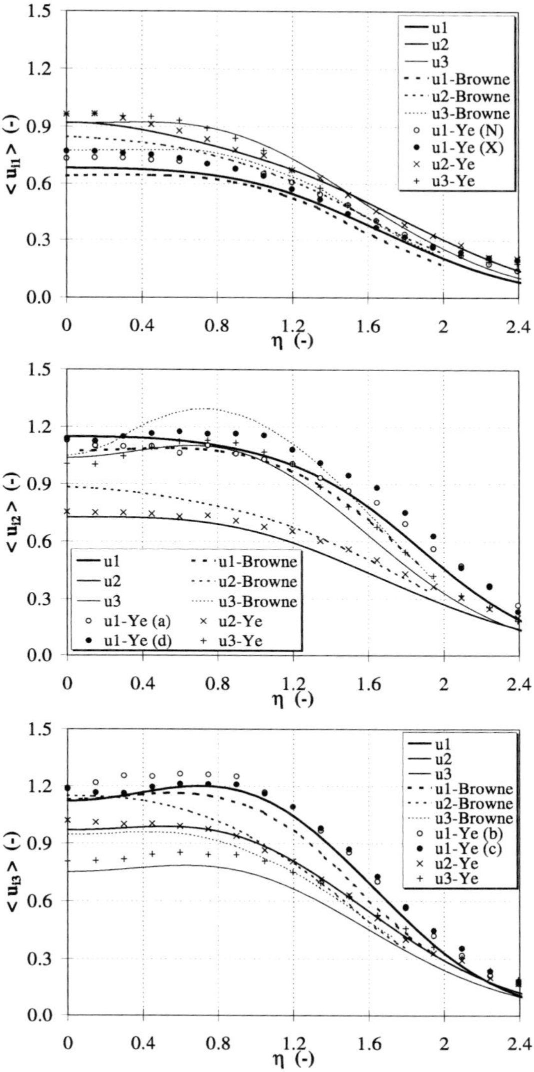


Abb. 5.21: Vergleich der gemessenen Ableitungen $u_{ij}$ mit den Messungen von Ye [95] und Browne et al. [11]; oben: $u_{i1}$, Mitte: $u_{i2}$, unten: $u_{i3}$

Bei den übrigen Ableitungen $u_{22}$, $u_{32}$, $u_{23}$ und $u_{33}$ treten allerdings große Abweichungen auf. Alle vier Ableitungen liegen im Mittenbereich etwa 15% höher. Im Außenbereich einiger Profile liegen noch größere Differenzen vor, die teilweise wiederum auf Ungenauigkeiten bei der Bestimmung der Nachlaufachse zurückzuführen sind (vgl. auch Kapitel 5.2).

Die obige Diskussion unterstreicht, daß die Messungen von Zweipunktmomenten mit deutlich größeren Unsicherheiten im Vergleich zu den Einpunktmessungen verbunden sind. Darüber hinaus ist nicht auszuschließen, daß aufgrund der unterschiedlichen Anfangsbedingungen in Brownes et al. [11] Experiment zumindest ein Teil der dargestellten Abweichungen physikalisch bedingt ist. Wie in den Kapiteln 5.1 und 5.3 gezeigt, hängt die Form der Profile der Turbulenzstatistiken im selbstähnlichen Nachlauf von der Entwicklung des Nachlaufs ab. Der in Tabelle 5.1 angegebene Wert $A_U = 1.28$ könnte ein Indiz dafür sein, daß für Brownes et al. [11] Experiment abweichende Verteilungen der Turbulenzstatistiken zu erwarten sind. Allerdings weisen die Daten von Browne et al. [11] auch Unstimmigkeiten auf, wie in den nachfolgenden Kapiteln noch gezeigt wird. Die Abweichungen zu den Daten von Ye [95] sind hingegen eindeutig meßtechnisch bedingt, die Versuchsbedingungen und die untersuchte Strömung waren identisch. Während die Unterschiede der Ableitungen in Strömungsrichtung erklärt werden konnten, bleiben im Fall der Ableitungen in Quer- und Spannweitenrichtung Fragen offen. Zu deren Beantwortung wären systematische Vergleiche und Tests, wie anhand der eigenen Daten dargestellt, sehr hilfreich, die jedoch für die Daten von Ye [95] nicht vorliegen.

## 5.5 Lokale Isotropie und Achsensymmetrie

Mit Hilfe der im vorangegangen Kapitel dargestellten Ableitungen $u_{ij}^2$ lassen sich die Annahmen lokaler Isotropie und lokaler Achsensymmetrie überprüfen. Insbesondere erstere hat einige Bedeutung für die Turbulenzmodellierung. Das Dissipationsmodell (2.37) verwendet beispielsweise im wandfernen Bereich die isotrope Näherung. In lokal-isotroper Turbulenz ist darüber hinaus die Bestimmung der turbulenten Dissipationsrate besonders einfach. Man benötigt lediglich eine Eindrahtsonde zur Messung der Ableitung in Strömungsrichtung $u_{11}^2$.

Nach den Kolmogorovschen Ähnlichkeitshypothesen nimmt die Feinstruktur der Turbulenz bei großen Reynoldszahlen universellen Charakter an. Die Richtungsabhängigkeit verliert sich mit zunehmenden Wellenzahlen,[14] so daß die größten Wellenzahlen (kleinsten Wirbel) zunehmend dem isotropen Zustand zustreben. Gemäß den Kolmogorovschen Überlegungen [45] sollte man bei hohen Reynoldszahlen mit einem breiten Wellenzahlspektrum für die kleinsten Wirbel lokale Isotropie erwarten. Die Statistiken von Geschwindigkeitsdifferenzen innerhalb kleiner räumlicher Gebiete sind für lokal-isotrope Turbulenz invariant gegenüber Drehungen des Koordinatensystems bzw. gegenüber Spiegelungen an beliebigen Ebenen, vgl. Rotta [68].

[14] Eine anschauliche Erklärung für diesen Mechanismus gibt Bradshaw [8] anhand seines „family-tree".

Lokale Isotropie läßt sich experimentell nicht ohne weiteres direkt nachweisen. Die Überlegungen zur lokal-isotropen Turbulenz führten Kolmogorov auf seine beiden Ähnlichkeitshypothesen. Durch Dimensionsbetrachtungen erhält man aus der zweiten Ähnlichkeitshypothese einen - auch als Trägheitsbereich bezeichneten - Unterbereich des Energiespektrums mit dem charakteristischen Verlauf: $E(k) \propto k^{-5/3}$, vgl. Gleichung (3.13). Die Energiespektren vieler turbulenter Strömungen weisen einen solchen Trägheitsbereich auf, was zumeist als Indiz für das Vorliegen lokaler Isotropie gewertet wurde. Auch in den beiden untersuchten Strömungen konnte ein solcher Trägheitsbereich mit der entsprechenden -5/3-Skalierung beobachtet werden, wie Abb. 5.22 zeigt. Wegen der verhältnismäßig kleinen Reynoldszahlen erstreckt sich der Trägheitsbereich allerdings nur über einen schmalen Wellenzahlbereich.

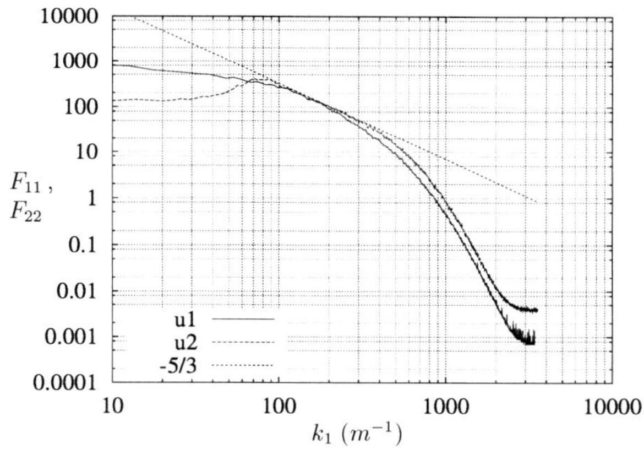


Abb. 5.22: Eindimensionale Spektralfunktionen, $F_{11}$ und $F_{22}$, der beiden Geschwindigkeitsfluktuationen $u_1$ und $u_2$ auf der Nachlaufachse des achsensymmetrischen Nachlaufs bei $x_1/D = 75$

Mit Hilfe der Invariantentheorie läßt sich jedoch zeigen, daß das Vorhandensein eines Trägheitsbereiches keine ausreichende Voraussetzung für das Vorliegen lokaler Isotropie ist. Die zweite Gleichung des Gleichungssystems (2.36) kann auch in folgender Form geschrieben werden:

$$e_{ij} = A a_{ij} + B\tilde{S}_{ij}\,. \tag{5.22}$$

Die Anisotropietensoren der Dissipationskorrelationen ($e_{ij} = \epsilon_{ij}^h/\epsilon_h - \delta_{ij}/3$) und der Reynoldsschen Spannungen ($a_{ij}$) sind demnach proportional zueinander. Gleichung (5.22) ist für achsensymmetrische Turbulenz exakt, für alle anderen turbulenten Strömungen zumindest in erster Näherung gültig. In achsensymmetrischer Turbulenz vereinfacht sie sich wegen $B = 0$ auf $e_{ij} = Aa_{ij}$. Aus Abb. 2.4 erkennt man, daß die Invariantenfunktion $A$ bei vorhandener Anisotropie der Reynoldsschen Spannungen ($II \neq 0$) stets einen von Null verschiedenen Wert aufweist, so daß $e_{ij} = 0$ und damit lokale Isotropie nur bei gleichzeitig verschwindender Anisotropie der Reynoldsschen Spannungen ($II \to 0$) möglich ist.

Bevor die Isotropie der Dissipationskorrelationen überprüft wird, soll zunächst die Anisotropie der Reynoldsschen Spannungen dargestellt werden. Abb. 5.23 zeigt die Auftragung der Meßdaten des ebenen Nachlaufs in der Anisotropie-Invariantenkarte. Im Bereich der

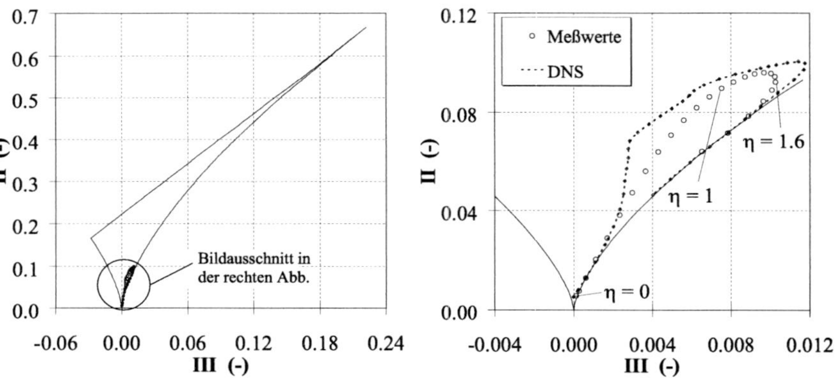


Abb. 5.23: Auftragung der experimentellen Daten in der Anisotropie-Invariantenkarte zusammen mit den DNS-Daten von Moser et al. [57]. Die experimentellen Punkte basieren auf den in Abb. 5.8 dargestellten Verläufen der Reynoldsschen Spannungen. links: gesamte Invariantenkarte, rechts: Vergrößerung des Ausschnitts mit den Daten

Nachlaufachse ist die Anisotropie sehr gering, und die Daten verlaufen nahe der achsensymmetrischen Grenzkurve. Mit zunehmender Entfernung von der Nachlaufachse wächst die Anisotropie. Da die Turbulenzintensität $u_1$ im Außenbereich stärker als die Turbulenzintensität $u_2$ abnimmt und sich die Profile schneiden, verringert sich die Anisotropie im Bereich $u_1 \simeq u_2$ wieder. Wegen der äußerst geringen Turbulenzintensitäten wird der Verlauf für größere Abstände von der Nachlaufachse zunehmend unzuverlässig. Als Vergleich sind die DNS-Daten von Moser et al. [57] eingezeichnet, die einen qualitativ ähnlichen Verlauf aufweisen, allerdings höhere Anisotropien erreichen.

Bei Vorliegen lokaler Isotropie gilt:

$$\overline{\left(\frac{\partial u_i}{\partial x_k}\right)\left(\frac{\partial u_j}{\partial x_l}\right)} = \frac{1}{2}\overline{\left(\frac{\partial u_1}{\partial x_1}\right)^2}\left(4\delta_{ij}\delta_{kl} - \delta_{il}\delta_{jk} - \delta_{jl}\delta_{ik}\right) . \tag{5.23}$$

Für die turbulente Dissipationsrate folgt daraus:

$$\epsilon^{iso} = 15\nu \overline{\left(\frac{\partial u_1}{\partial x_1}\right)^2} \tag{5.24}$$

und für den Dissipationstensor:

$$\epsilon_{ij}^{iso} = \frac{1}{3}\delta_{ij}\epsilon^{iso}\,. \tag{5.25}$$

Anhand der gemessenen zeitlich gemittelten Ableitungen kann nun überprüft werden, inwieweit lokale Isotropie in den untersuchten Nachlaufströmungen erfüllt ist. Aufgrund der Beziehung (5.23) sind die Diagonalenelemente und die Nicht-Diagonalenelemente des Tensors (3.1) untereinander gleich groß. Die Diagonalenelemente sind darüber hinaus halb so groß wie die Nicht-Diagonalenelemente. Damit müssen die folgenden Funktionen $K_i$ in lokal-isotroper Turbulenz den Wert 1 annehmen:

$$K_1 = 2\overline{(\partial u_1/\partial x_1)^2} \,/\, \overline{(\partial u_2/\partial x_1)^2} \tag{5.26a}$$

$$K_2 = 2\overline{(\partial u_1/\partial x_1)^2} \,/\, \overline{(\partial u_3/\partial x_1)^2} \tag{5.26b}$$

$$K_3 = 2\overline{(\partial u_1/\partial x_1)^2} \,/\, \overline{(\partial u_1/\partial x_2)^2} \tag{5.26c}$$

$$K_4 = 2\overline{(\partial u_1/\partial x_1)^2} \,/\, \overline{(\partial u_1/\partial x_3)^2} \tag{5.26d}$$

$$K_5 = 2\overline{(\partial u_1/\partial x_1)^2} \,/\, \overline{(\partial u_3/\partial x_2)^2} \tag{5.26e}$$

$$K_6 = 2\overline{(\partial u_1/\partial x_1)^2} \,/\, \overline{(\partial u_2/\partial x_3)^2} \tag{5.26f}$$

$$K_7 = \overline{(\partial u_1/\partial x_1)^2} \,/\, \overline{(\partial u_2/\partial x_2)^2} \tag{5.26g}$$

$$K_8 = \overline{(\partial u_1/\partial x_1)^2} \,/\, \overline{(\partial u_3/\partial x_3)^2} \tag{5.26h}$$

$$K_9 = -\overline{(\partial u_1/\partial x_1)^2} \,/\, 2\overline{(\partial u_1/\partial x_2)(\partial u_2/\partial x_1)} \tag{5.26i}$$

$$K_{10} = -\overline{(\partial u_1/\partial x_1)^2} \,/\, 2\overline{(\partial u_1/\partial x_3)(\partial u_3/\partial x_1)} \tag{5.26j}$$

$$K_{11} = -\overline{(\partial u_1/\partial x_1)^2} \,/\, 2\overline{(\partial u_2/\partial x_3)(\partial u_3/\partial x_2)}\,. \tag{5.26k}$$

Bis auf $K_{11}$, für deren Bestimmung zwei Dreidrahtsonden erforderlich sind, wurden alle $K_i$ gemessen. Abb. 5.24 zeigt den Verlauf der Funktionen $K_1 - K_{10}$. Um zu zeigen, inwieweit die Meßwerte der in $K_9$ und $K_{10}$ auftretenden gemischten Ableitungen die Forderung nach Symmetrie bezüglich der Nachlaufachse erfüllen, wurden keine Regressionskurven verwendet, sondern die korrigierten Meßwerte beider Seiten des Nachlaufs direkt dargestellt.

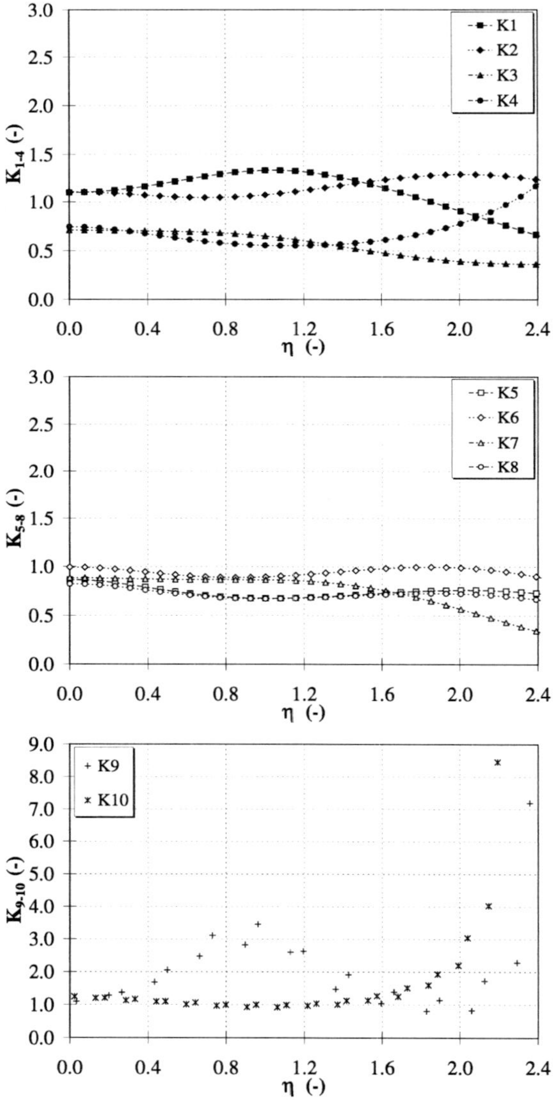


Abb. 5.24: Lokale Isotropie im ebenen Nachlauf: Verteilungen der Funktionen $K_1 - K_{10}$; oben: $K_1 - K_4$, Mitte: $K_5 - K_8$, unten: $K_9 - K_{10}$

Erwartungsgemäß nähern sich alle $K_i$ im Mittenbereich des Nachlaufs dem Wert 1. Die Funktionen $K_3$, $K_4$ und $K_8$ weisen allerdings auf der Nachlaufachse deutlich kleinere Werte als 1 auf, die sich nicht durch Meßungenauigkeiten erklären lassen. Hier liegen tatsächlich Abweichungen von der lokalen Isotropie vor. Alle übrigen Funktionen erreichen auf der Nachlaufachse im Rahmen der Meßgenauigkeit isotrope Werte. Damit sind im inneren Nachlaufbereich die Abweichungen der dargestellten Korrelationen von der lokalen Isotropie gering. Sie wachsen im Randbereich an, wobei die einzelnen Funktionen teilweise ein deutlich unterschiedliches Verhalten zeigen.

Da nahezu im gesamten Nachlaufgebiet die meisten Funktionen unter 1 liegen, wird die Anwendung von Gleichung (5.24) zu einer Unterschätzung der tatsächlichen Dissipationsrate führen. Insgesamt weisen die Funktionen $K_1 - K_8$ qualitativ einen sehr ähnlichen Verlauf wie in Ye [95] auf, die quantitativen Unterschiede wurden bereits in Kapitel 5.4 diskutiert.

Tabelle 5.2 zeigt einen Vergleich verfügbarer Ergebnisse aus der Literatur. Die Unterschiede liegen im Bereich der Meßgenauigkeit, wenn man berücksichtigt, daß die in der Literatur angegebenen Funktionen $K_i$ Fehler von bis zu 30% aufweisen können.

| Autor | $Re_D$ | $\eta$ | $K_1$ | $K_2$ | $K_3$ | $K_4$ |
|---|---|---|---|---|---|---|
| Townsend [82] | 8400 | 0 | 1.0 | 1.0 | | |
| | | 1 | 1.3 | 1.3 | | |
| Fabris [22] | 2700 | 0 | 1.0 | 1.2 | | |
| | | ≈1.4 | 1.2 | 1.3 | | |
| Champagne [12] | 19050 | 0 | 1.2 | 1.1 | | |
| Browne et al. [11] | 1170 | 0 | 1.2 | 1.4 | 0.7 | 0.7 |
| | | 1 | 1.5 | 1.4 | 0.6 | 0.6 |
| Aronson & Löfdahl [5] | 1840 | 0 | 1.2 | 1.2 | 1.0 | 0.9 |
| | | 1 | 1.4 | 1.2 | 0.8 | 0.7 |
| Ye [95] | 1340 | 0 | 1.2 | 1.2 | 0.8 | 0.8 |
| | | 1 | 1.5 | 1.4 | 0.7 | 0.6 |
| eigene Meßwerte | 1320 | 0 | 1.1 | 1.1 | 0.7 | 0.7 |
| | | 1 | 1.3 | 1.1 | 0.6 | 0.6 |

Tabelle 5.2: Vergleich der Funktionen $K_1 - K_4$ mit Daten aus der Literatur

In gleicher Weise kann man überprüfen, inwieweit die Strömungen die Annahme lokaler Achsensymmetrie erfüllen. Lokale Achsensymmetrie verlangt, daß die Statistiken von Geschwindigkeitsdifferenzen innerhalb kleiner räumlicher Gebiete invariant gegenüber Drehungen des Koordinatensystems um eine Bezugsachse bzw. gegenüber Spiegelungen an einer Bezugsachse sind, vgl. Rotta [68]. Ausführliche Abhandlungen zur Theorie der achsensymmetrischen, homogenen Turbulenz findet man in den Arbeiten von Batchelor [6] und Chandrasekhar [13]. In Analogie zur lokalen Isotropie lassen sich aus den einzelnen Geschwindigkeitsableitungen Quotienten bilden, die bei Vorliegen lokaler Achsensymmetrie den Wert 1 annehmen müssen, vgl. George et al. [26]:

$$K_{a1} = \overline{(\partial u_1/\partial x_2)^2} \,/\, \overline{(\partial u_1/\partial x_3)^2} \tag{5.27a}$$

$$K_{a2} = \overline{(\partial u_2/\partial x_1)^2} \,/\, \overline{(\partial u_3/\partial x_1)^2} \tag{5.27b}$$

$$K_{a3} = \overline{(\partial u_2/\partial x_2)^2} \,/\, \overline{(\partial u_3/\partial x_3)^2} \tag{5.27c}$$

$$K_{a4} = \overline{(\partial u_2/\partial x_3)^2} \,/\, \overline{(\partial u_3/\partial x_2)^2} \tag{5.27d}$$

$$K_{a5} = 3\overline{(\partial u_2/\partial x_2)^2} \,/\, [\overline{(\partial u_1/\partial x_1)^2} + \overline{(\partial u_2/\partial x_3)^2}] \tag{5.27e}$$

$$K_{a6} = 6\overline{(\partial u_2/\partial x_3)(\partial u_3/\partial x_2)} \,/\, [\overline{(\partial u_1/\partial x_1)^2} - 2\overline{(\partial u_2/\partial x_3)^2}] \tag{5.27f}$$

$$K_{a7} = -\overline{(\partial u_1/\partial x_1)^2} \,/\, 2\overline{(\partial u_1/\partial x_2)(\partial u_2/\partial x_1)} \tag{5.27g}$$

$$K_{a8} = -\overline{(\partial u_1/\partial x_1)^2} \,/\, 2\overline{(\partial u_1/\partial x_3)(\partial u_3/\partial x_1)}\,. \tag{5.27h}$$

Die Gleichungen (5.27g) und (5.27h) sind identisch mit den isotropen Beziehungen (5.26i) bzw. (5.26j). Bis auf $K_{a6}$, für deren Bestimmung wiederum zwei Dreidrahtsonden erforderlich sind, wurden alle Funktionen $K_{ai}$ gemessen. Die Verteilungen der Funktionen $K_{a1} - K_{a5}$ sind in Abb. 5.25 dargestellt. Im Bereich der Nachlaufachse erreichen alle

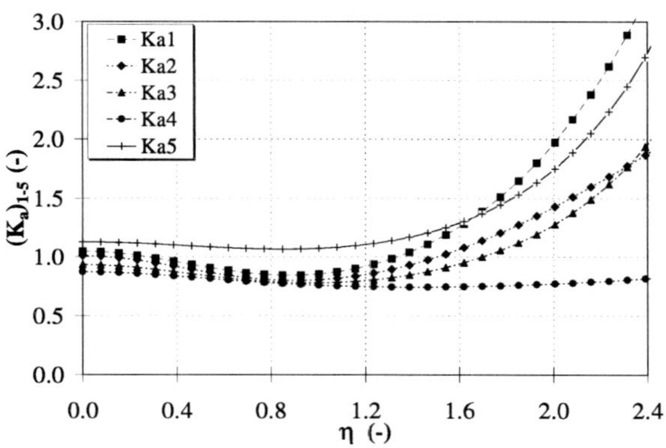


Abb. 5.25: Lokale Achsensymmetrie im ebenen Nachlauf: Verteilungen der Funktionen $K_{a1} - K_{a5}$

Funktionen im Rahmen der Meßgenauigkeit den Wert 1. Die dargestellten Dissipationskorrelationen weisen damit in diesem Bereich des Nachlaufs lokale Achsensymmetrie auf.

Mit Ausnahme von $K_9$ bleiben die Abweichungen bis etwa $\eta$=1.6 klein. Diese Beobachtungen decken sich weitgehend mit denen von Ye [95]. Die von Browne et al. [11] gemessenen Korrelationen weisen eine geringere Übereinstimmung mit der lokalen Achsensymmetrie auf. Selbst auf der Nachlaufachse liegen die Funktionen $K_{a2}$, $K_{a4}$ und $K_{a5}$ um 20-40% über bzw. unter dem Wert 1. Da auf der Nachlaufachse lokale Achsensymmetrie zu erwarten ist, sind diese Ergebnisse als unrealistisch einzuschätzen.

Zusammenfassend weisen die Reynoldsschen Spannungen und die Dissipationskorrelationen einen qualitativ gleichen Anisotropieverlauf auf und bestätigen damit Gleichung (5.22) bzw. das Modell (2.36). Im Mittenbereich des Nachlaufes sind die Anisotropien beider Tensoren gering und wachsen mit zunehmender Entfernung von der Nachlaufachse an. Erwartungsgemäß werden die Dissipationskorrelationen des ebenen Nachlaufs der Annahme lokaler Achsensymmetrie besser gerecht als der Annahme lokaler Isotropie. Dennoch kann man aufgrund der Verteilungen der Funktionen $K_{ai}$ noch nicht auf lokale Achsensymmetrie der gesamten turbulenten Feinstruktur schließen. In der Tat weisen eine Reihe von Korrelationen keine lokale Achsensymmetrie auf. In Kapitel 7.2 wird sogar gezeigt, daß die Abweichungen von der lokalen Achsensymmetrie durch den Gradienten der mittleren Geschwindigkeit verursacht werden.

## 5.6 Turbulente Dissipationsrate

Anhand der Meßdaten läßt sich überprüfen, inwieweit die isotrope und die achsensymmetrische Form der turbulenten Dissipationsrate Gültigkeit für die untersuchten Nachlaufströmungen besitzen. Eine Bestimmungsgleichung der turbulenten Dissipationsrate in achsensymmetrischer Turbulenz läßt sich unter Verwendung der Gleichungen (5.27a)-(5.27h) aus Gleichung (A.1) ableiten, vgl. auch Rotta [68]:

$$\epsilon^{axi} = \nu \left[ -\overline{(\partial u_1/\partial x_1)^2} + 2\overline{(\partial u_1/\partial x_2)^2} + 2\overline{(\partial u_2/\partial x_1)^2} + 8\overline{(\partial u_2/\partial x_2)^2} \right] . \tag{5.28}$$

Aufgrund der Beziehungen (5.27a)-(5.27h) sind auch andere Formulierungen von Gleichung (5.28) möglich. George & Hussein[26] verwendeten folgende Form:

$$\epsilon^{axi} = \nu \left[ \frac{5}{3}\overline{(\partial u_1/\partial x_1)^2} + 2\overline{(\partial u_1/\partial x_3)^2} + 2\overline{(\partial u_2/\partial x_1)^2} + \frac{8}{3}\overline{(\partial u_2/\partial x_3)^2} \right] . \tag{5.29}$$

Für isotrope Turbulenz vereinfachen sich die Gleichungen (5.28) und (5.29) auf Gleichung (5.24). Abb. 5.26 (links) zeigt die gemessene Dissipationsrate $\epsilon$ zusammen mit den isotropen und achsensymmetrischen Näherungen $\epsilon^{iso}$ und $\epsilon^{axi}$ aus den Gleichungen (5.24), (5.28) und (5.29). Die isotrope Form der turbulenten Dissipationsrate liegt erwartungsgemäß im gesamten Nachlauf unter den gemessenen Werten, vgl. Kapitel 5.5. In der Nähe der Nachlaufachse sind die Unterschiede am geringsten, sie betragen hier etwas mehr als 10%. Mit zunehmender Entfernung von der Nachlaufachse steigen die Abweichungen und erreichen im Randbereich fast 25%.

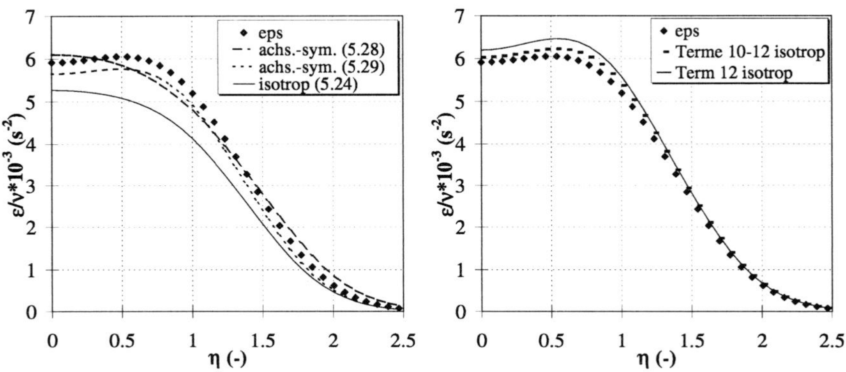


Abb. 5.26: Turbulente Dissipationsrate im ebenen Nachlauf; links: Vergleich der gemessenen Dissipationsrate (mit „eps" bezeichnet) mit den isotropen und achsensymmetrischen Näherungen aus den Gleichungen (5.24), (5.28) und (5.29), (rechts): Vergleich von $\epsilon$ und $\overline{\epsilon}$ aus Gleichung (A.1), die Terme 10-12 bzw. 12 (Gleichung (A.2)) wurden durch Anwendung der isotropen Beziehungen (5.26i) - (5.26k) bestimmt.

Da auch die lokale Achsensymmetrie nicht im gesamten Nachlaufgebiet exakt erfüllt ist,[15] zeigen die Gleichungen (5.28) und (5.29) leicht unterschiedliche Verläufe. Dennoch stellen beide Gleichungen eine deutlich bessere Näherung der „exakten" Dissipationsrate als die isotrope Form $\epsilon^{iso}$ dar.

Die zweiten Ableitungen der Reynoldsschen Spannungen, die den zweiten Term in Gleichung (A.3) bilden, sind im gesamten Nachlauf vernachlässigbar klein, so daß gilt: $\overline{\epsilon} \simeq \epsilon$, bzw.:

$$\nu\, \overline{\frac{\partial u_i}{\partial x_j}\left(\frac{\partial u_i}{\partial x_j} + \frac{\partial u_j}{\partial x_i}\right)} \simeq \nu\, \overline{\frac{\partial u_i}{\partial x_j}\frac{\partial u_i}{\partial x_j}}\,. \tag{5.30}$$

Gleichung (5.30) kann zur Überprüfung der Meßdaten herangezogen werden. Bis auf den Term 12 (vgl. Gleichung (A.2)) auf der linken Seite von Gleichung (5.30) waren alle Terme meßbar. Der Term 12 wurde mit Hilfe der isotropen Beziehung (5.26k) bestimmt. Da in den Arbeiten von Ye [95] und Browne et al. [11] die Terme 10-12 nicht gemessen, sondern aus den jeweiligen isotropen Beziehungen bestimmt wurden, ist in Abb. 5.26 (rechts) zusätzlich der entsprechende Verlauf von $\epsilon$ eingezeichnet. Alle drei Kurven sollten gemäß Gleichung (5.30) identisch sein. Die Übereinstimmung ist recht gut, die maximalen

[15] Daneben sind auch Meßfehler bei der Bestimmung der einzelnen Geschwindigkeitsableitungen zu berücksichtigen!

Abweichungen betragen etwa 6% und liegen damit im Rahmen der Meßgenauigkeit.

Zu ähnlichen Ergebnissen gelangte auch Ye [95] mit der Ausnahme einer höheren isotropen Dissipationsrate. Die Ursachen hierfür wurden in Kapitel 5.4 diskutiert. Die Daten von Browne et al. [11] weisen große Unterschiede zwischen $\epsilon$ und $\epsilon^{iso}$ auf. Im Bereich der Nachlaufachse ist $\epsilon^{iso}$ um fast 30% kleiner als $\epsilon$, im Randbereich sogar um mehr als 40%. Aufgrund der geringen Anisotropie der Reynoldsschen Spannungen ist dieses Ergebnis zweifelhaft. Die Übereinstimmung der aus Brownes et al. [11] Daten mit Hilfe der Gleichungen (5.28) und (5.29) berechneten Dissipationsrate $\epsilon^{axi}$ ist schlechter als in Abb. 5.26. Auch die Unterschiede zwischen $\epsilon$ und $\overline{\epsilon}$ sind größer. Beides sind weitere Indizien für Unstimmigkeiten dieser Daten.

Zusammenfassend veranschaulichen die Ergebnisse noch einmal die in Kapitel 5.5 getroffenen Aussagen und unterstreichen zudem die Gültigkeit des Modells (2.36). Die Turbulenz-Anisotropie (der Reynoldsschen Spannungen und der Dissipationskorrelationen) ist in der Nachlaufmitte am geringsten und wächst mit zunehmender Entfernung von der Nachlaufachse an. Die Auftragung der Meßdaten in der Anisotropie-Invariantenkarte (Abb. 5.23) zeigt keine größeren Abweichungen von der achsensymmetrischen Grenzkurve. Dementsprechend stellt auch die lokale Achsensymmetrie gegenüber der lokalen Isotropie die deutlich bessere Näherung dar.

Interessant ist, daß auch die aus Dimensionsbetrachtungen ableitbare überschlägige Bestimmungsgleichung für die turbulente Dissipationsrate,

$$\epsilon \approx 0.2\frac{q^3}{\mathcal{L}}, \tag{5.31}$$

einen überraschend guten Schätzwert der gemessenen Dissipationsrate darstellt. Verwendet man für $\mathcal{L}$ das integrale Längenmaß, das sich aus den gemessenen Korrelationsfunktionen zu etwa 0.01m ergibt, so erhält man einen Wert $\epsilon{\approx}0.09m^2s^{-3}$. Die gemessene Dissipationsrate gemäß Abb. 5.26 beträgt $0.088m^2s^{-3}$.

## 5.7 Gleichgewicht der turbulenten kinetischen Energie

Die Transportgleichung der turbulenten kinetischen Energie für den ebenen Nachlauf, Gleichung (2.48), wurde in Kapitel 2.2.1 abgeleitet und lautet:

$$\underbrace{U_1\frac{\partial}{\partial x_1}\frac{\overline{q^2}}{2}}_{Konvektion} = \underbrace{-\overline{u_1u_2}\frac{\partial U_1}{\partial x_2}}_{Produktion} \underbrace{-\frac{\partial}{\partial x_2}\overline{u_2\frac{p}{\rho}}}_{Druck-Diffusion} \underbrace{-\frac{\partial}{\partial x_2}\overline{u_2\frac{q^2}{2}}}_{q^2-Diffusion} \underbrace{-\nu\overline{\frac{\partial u_i}{\partial x_k}\frac{\partial u_i}{\partial x_k}}}_{Dissipation}. \tag{5.32}$$

Alle Terme in (5.32) mit Ausnahme der Druck-Diffusion[16] lassen sich aus den Meßdaten

[16] In den Arbeiten von Kobashi [44] und Nasseri & Nitsche [59] werden Ansätze zur Messung der $\overline{u_ip}$-Korrelation vorgestellt. In beiden Fällen ist jedoch die erreichte Meßgenauigkeit mäßig.

ermitteln, wenn zusätzlich die Selbstähnlichkeit des Nachlaufs ausgenutzt wird. Aus der Differenz aller Terme ergibt sich die Druck-Diffusion. Die Bestimmung der einzelnen Terme wird im folgenden dargestellt.

Konvektionsterm:

Wie in Kapitel 5.1.2 gezeigt, weisen die in den einzelnen Termen der Gleichung (5.32) auftretenden Korrelationen an der Meßposition $x_1/D{=}400$ Selbstähnlichkeit auf. Für die Ableitung in Strömungsrichtung gilt:

$$\frac{\partial q^2}{\partial x_1} = U_S^2 (\frac{d\langle q^2\rangle}{d\eta})(-\frac{\eta}{L})(\frac{dL}{dx_1}) + 2\langle q^2\rangle U_S (\frac{dU_S}{dx_1}) . \tag{5.33}$$

Die Gradienten $dL/dx_1$ und $dU_0/dx_1$ wurden durch Ableiten der Gleichungen (5.1) und (5.2) ermittelt. Zur Bestimmung des Gradienten $d\langle q^2\rangle /d\eta$ wurde der Funktionsansatz

$$\langle q^2\rangle = \left(p_0 + p_2\eta^2 + p_4\eta^4\right)\ e^{-A\eta^2} \tag{5.34}$$

an die Meßdaten angepaßt und nachfolgend einmal abgeleitet.

Produktionsterm:

Unter Verwendung der Ähnlichkeitsbeziehungen (2.55) kann der Produktionsterm wie folgt ausgedrückt werden:

$$-\overline{u_1 u_2}\,\frac{\partial U_1}{\partial x_2} = \frac{U_S^3}{L}\,\frac{df}{d\eta}\,\langle u_1 u_2\rangle \tag{5.35}$$

Zur Berechnung des Produktionsterms braucht lediglich die Verteilung $f$ einmal abgeleitet zu werden.

$q^2$-Diffusion:

Die $q^2$-Diffusion setzt sich aus drei Termen zusammen:

$$-\frac{\partial}{\partial x_2}\overline{u_2\frac{q^2}{2}} = -\frac{\partial}{\partial x_2}\left(\overline{u_1^2 u_2} + \overline{u_2^3} + \overline{u_2^2 u_3}\right) . \tag{5.36}$$

Die beiden Tripelkorrelationen $\overline{u_1^2 u_2}$ und $\overline{u_2^3}$ sind ohne Schwierigkeiten mit einer X-Drahtsonde meßbar. Zur Bestimmung der Dreifachkorrelation $\overline{u_2 u_3^2}$ wurde die von Townsend [83] vorgeschlagene Methode angewandt. Dabei wird wiederum eine X-Drahtsonde verwendet und um ihre Sondenachse gedreht, so daß die Drahtebene und die $x_2$-Achse einen Winkel von 45° bilden. Aufgrund der Orientierung der Drahtebene „zwischen" der $x_2$- und der $x_3$-Achse tragen nun beide Querkomponenten $u_2$ und $u_3$ zur Drahtkühlung bei, und man erhält für die zwei drahtnormalen Geschwindigkeitskomponenten:

$$\left.\begin{aligned} (u_N)_1 &= u_1 \cos\psi_1 - (u_2 + u_3)\cos 45° \sin\psi_1 \quad , \\ (u_N)_2 &= u_1 \cos\psi_2 + (u_2 + u_3)\cos 45° \sin\psi_2 \quad . \end{aligned}\right\} \tag{5.37}$$

Aus der Kombination der Gleichungen (5.37) läßt sich unter Verwendung aller übrigen Dreifachkorrelationen $\overline{u_i u_j u_k}$ (sofern sie nicht aus Symmetriegründen gleich Null sind) die gewünschte Korrelation $\overline{u_2 u_3^2}$ berechnen. Eine ausführliche Ableitung des Meßverfahrens findet man in der Arbeit von Ye [95].

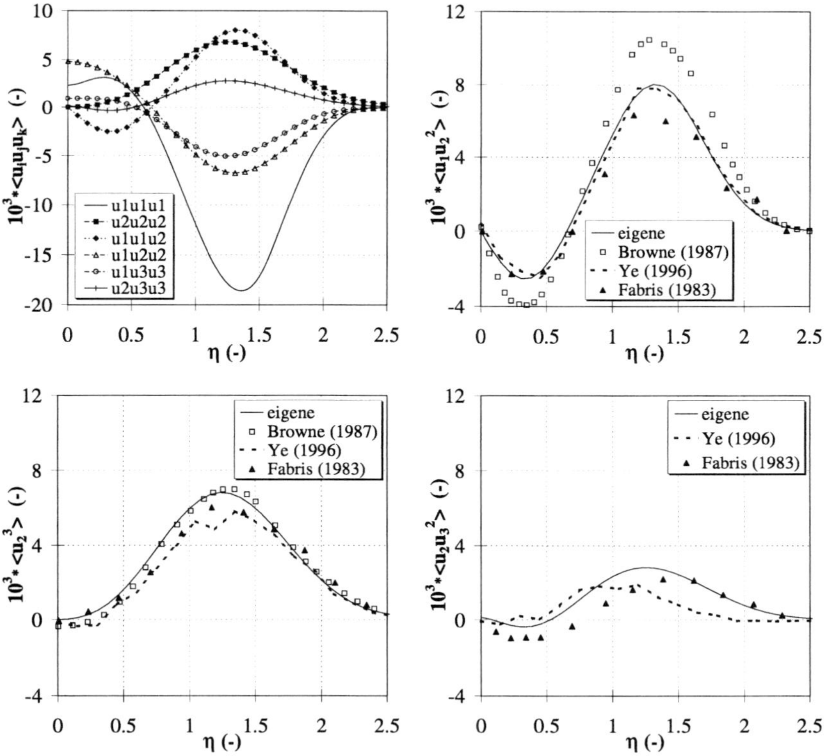


Abb. 5.27: Verteilung der Dreifachkorrelationen im ebenen Nachlauf; oben links: alle nicht verschwindenden Dreifachkorrelationen $\langle u_i u_j u_k \rangle$, oben rechts: $\langle u_1^2 u_2 \rangle$, unten links: $\langle u_2^3 \rangle$, unten rechts: $\langle u_2 u_3^2 \rangle$,

In Abb. 5.27 (oben links) sind die gemessenen Verläufe aller sechs nicht verschwindenden Dreifachkorrelationen dargestellt. Die übrigen drei Diagramme der Abb. 5.27 zeigen die drei Tripelkorrelationen, die gemäß Gleichung (5.36) zum Gleichgewicht der turbulenten kinetischen Energie beitragen. Als Vergleich sind die Daten von Fabris [23], Browne et al. [11] und Ye [95] eingezeichnet. Fabris [23] Daten mußten mit den in Tabelle 5.1 angegebenen Werten normiert werden, woraus sich für die Verteilungen in Abb. 5.27 Unsicherheiten von 5-10% ergeben. Die Übereinstimmung der gemessenen Korrelationen $\overline{u_1^2 u_2}$ und $\overline{u_2^3}$ mit den Daten von Fabris [23] und Ye [95] ist gut. Erwartungsgemäß ist die Bestimmung der Korrelation $\overline{u_2 u_3^2}$ mit den größten Unsicherheiten verbunden. Da jedoch bereits die beiden Korrelationen $\overline{u_1^2 u_2}$ und $\overline{u_2^3}$ mehr als 80% der gesamten $q^2$-Diffusion ausmachen, sind diese Meßunsicherheiten für das Gleichgewicht der turbulenten kinetischen Energie von geringer Bedeutung.

Dissipationsterm:

Die Bestimmung der turbulenten Dissipationsrate wurde bereits zuvor diskutiert, sie muß lediglich mit dem lokalen Geschwindigkeits- und Längenmaß normiert werden:

$$\epsilon = \frac{U_S^3}{L} \langle \epsilon \rangle \,. \tag{5.38}$$

Die einzelnen Terme der Gleichung (5.32) sind in Abb. 5.28 (links) dargestellt.

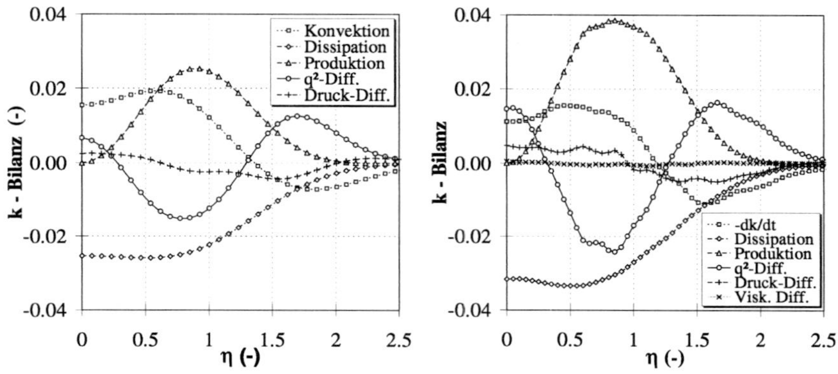


Abb. 5.28: Gleichgewicht der turbulenten kinetischen Energie im ebenen Nachlauf; links: Meßdaten, rechts: DNS-Daten von Moser et al [57]

In der Nähe der Nachlaufachse ist der Produktionsterm vernachlässigbar, der Dissipationsterm wird durch Konvektion und turbulente Diffusion ausgeglichen. Der diffusive Energietransport spielt im gesamten Nachlaufbereich eine wichtige Rolle - eine für freie Scherströmungen typische Erscheinung. Im wesentlichen bewirkt er eine Umverteilung kinetischer Energie von Gebieten höherer in Gebiete niedrigerer Intensität. In der Nähe der Nachlaufachse gleicht der Diffusionsterm die fehlende Turbulenzproduktion aus und transportiert kinetische Energie in den Mittenbereich hinein. Aufgrund der Verbreiterung des Nachlaufgebietes in Strömungsrichtung wechselt der Konvektionsterm das Vorzeichen und nimmt im Randbereich negative Werte an. Insgesamt bewirkt er einen deutlichen Gewinn an kinetischer Energie. Das Maximum des Produktionsterms fällt mit dem Maximum der Reynoldsschen Schubspannung $\overline{u_1 u_2}$ zusammen, die Dissipation zeigt hingegen an dieser Stelle keinen Extremwert. Insgesamt weist die Bilanz nahezu den gleichen Verlauf wie in Ye [95] auf, die Unterschiede resultieren aus den etwas verschiedenen Werten für $L$ und $U_0$, außerdem liegt die Dissipationsrate bei Ye [95] um etwa 10% höher, was insbesondere durch die bereits diskutierten höheren Ableitungen in $x_1$-Richtung bedingt ist. Auch die Übereinstimmung mit den Ergebnissen von Aronson Löfdahl [5] ist qualitativ gut. Aronson & Löfdahl [5] verwendeten zur Berechnung der turbulenten Dissipationsrate die isotrope Form, was zu einer unausgeglichenen Bilanz führt und keine Bestimmung des Druck-Diffusionsterms zuläßt. Die Daten von Browne et al. [11] weisen höhere Werte für Produktion, Dissipation und $q^2$-Diffusion auf, der qualitative Verlauf der einzelnen Terme ist aber dennoch sehr ähnlich.

Die beiden turbulenten Diffusionsterme müssen aus Kontinuitätsgründen die folgenden integralen Bedingungen erfüllen:

$$\int_{-\infty}^{\infty} \frac{\partial}{\partial x_2}(\overline{q^2 u_2})dx_2 = 0 \tag{5.39a}$$

$$\int_{-\infty}^{\infty} \frac{\partial}{\partial x_2}(\frac{\overline{pu_2}}{\rho})dx_2 = 0 \tag{5.39b}$$

Für die $q^2$-Diffusion ist die Bedingung mit 1.5% (relativ zum Integral $\int_{-\infty}^{\infty} \mid \partial/\partial\eta(...) \mid d\eta$) erfüllt. Die Druck-Diffusion ist deutlich kleiner und erfüllt daher die integrale Bedingung mit schlechterer Genauigkeit, etwa 15%. Diese Genauigkeit ist durchaus im Rahmen der Meßgenauigkeit, wenn man berücksichtigt, daß bereits eine 2%ige Erhöhung der turbulenten Dissipationsrate ausreicht, um das Defizit auszugleichen. Zum Vergleich sind in Abb. 5.28 die DNS-Daten von Moser et al. [57] dargestellt. Anstelle des Konvektionsterms in Gleichung (5.32) steht hierbei die zeitliche Änderung der turbulenten kinetischen Energie $\partial k/\partial t$.

Produktion, Diffusion und Dissipation zeigen ähnliche Verläufe wie die entsprechenden Meßwerte, wobei die Dissipation im Vergleich zu den anderen beiden Termen etwas geringer ist. Der Grund hierfür liegt darin, daß der Term $-\partial k/\partial t$ im Vergleich zum konvektiven Term im Experiment einen deutlich geringeren Gewinn an kinetischer Energie bringt. Der viskose Term kann im gesamten Nachlaufgebiet vernachlässigt werden.

# 6 Achsensymmetrischer Nachlauf

Die Ausführungen des Kapitels 5 werden im folgenden auf die achsensymmetrische Nachlaufströmung hinter einer Kugel übertragen. Da die gleiche Meßtechnik wie zur Untersuchung des ebenen Nachlaufs zum Einsatz kam, erfolgten die Tests und Vergleiche der Daten nicht in gleichem Umfang. Hinzu kommt, daß für den achsensymmetrischen Nachlauf ohnehin nur sehr wenige Vergleichsdaten vorliegen.

## 6.1 Selbstähnlichkeit im fernen Nachlauf

Aus den Ergebnissen der experimentellen Untersuchungen konnte ermittelt werden, daß der Ähnlichkeitszustand beim achsensymmetrischen Nachlauf deutlich früher als beim ebenen Nachlauf erreicht wird. Auch nach Angaben aus der Literatur liegt - abhängig von der Geometrie des Turbulenzerzeugers - bereits nach 30-100 Durchmessern Selbstähnlichkeit vor. Diese Eigenschaft achsensymmetrischer Nachlaufströmungen erlaubt bei gleichen Abmessungen der Windkanalmeßstrecke die Verwendung größerer (Kugel-)Durchmesser und damit die Untersuchung höherer Reynoldszahlen, was angesichts unerwünschter Reynoldszahleinflüsse[17], die bei niedrigen Reynoldszahlen auftreten, von Vorteil ist.

Zum Nachweis der Selbstähnlichkeit aller erforderlichen statistischen Momente wurden im Bereich $20 < x_1/D < 100$ Messungen mit einer Normaldrahtsonde durchgeführt. Die Normierung erfolgte unter Verwendung der lokalen Geschwindigkeits- und Längenmaße $U_S$ und $L$, die gemäß Kapitel 2.2.3 für den achsensymmetrischen Nachlauf lauten:

$$\frac{U_S}{U_\infty} = A_U \left( \frac{x_1 - x_{1,0}}{D} \right)^{-2/3} \tag{6.1}$$

$$\frac{L}{D} = A_L \left( \frac{x_1 - x_{1,0}}{D} \right)^{1/3} \tag{6.2}$$

Die normierten Profile jeder statistischen Größe müssen bei Vorliegen des Ähnlichkeitszustands wiederum jeweils den gleichen Verlauf aufweisen. Die Konstanten $A_U$ und $A_L$ sowie der virtuelle Ursprung $x_{1,0}$ wurden durch Anpassung der experimentellen Daten an die Ansätze (6.1) und (6.2) bestimmt. Tabelle 6.1 zeigt die ermittelten Werte im Vergleich mit den Daten von Uberoi & Freymuth [88]. Für $x_{1,0}$ ergab sich ein Wert von 80mm. Die Übereinstimmung von $A_L$ ist gut, die von $A_U$ hingegen mäßig. Allerdings ist zu beachten, daß wegen des schnelleren Abklingens des Geschwindigkeitsdefizits (Gleichung (6.1)) deutlich kleinere Geschwindigkeitsdifferenzen als im ebenen Nachlauf auftreten, weswegen die Bestimmung des Parameters $A_U$ mit größeren Unsicherheiten verbunden ist, was sich auch an den Daten der Abb. 6.1 (oben links) zeigt.

---

[17] Das betrifft insbesondere die Invariantenfunktion $A$, vergleiche Abb. 2.4 sowie Kapitel 7.

| Autor | $D$ | $Re_D$ | $A_U$ | $A_L$ |
|---|---|---|---|---|
| Uberoi & Freymuth[88] | 12.7 | 8600 | 0.25 | 0.37 |
| eigene Meßwerte | 16.0 | 6600 | 0.32 | 0.36 |

Tabelle 6.1: Vergleich der Ähnlichkeitsparameter $A_U$ und $A_L$ mit den Daten von Uberoi & Freymuth [88]

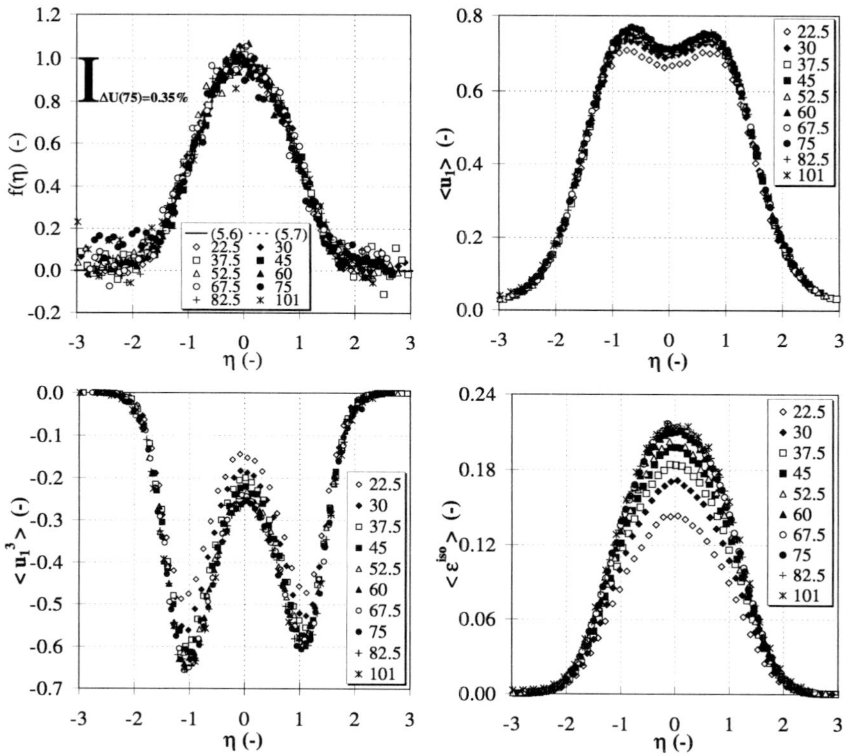


Abb. 6.1: Selbstähnlichkeit im achsensymmetrischen Nachlauf: Verteilungen der mittleren Geschwindigkeit, der Turbulenzintensität, der Dreifach-Geschwindigkeitskorrelation und der isotropen Dissipationsrate an verschiedenen axialen Positionen ($22.5 \leq x_1/D \leq 101$) des Nachlaufes; oben links: $f$, oben rechts: $\langle u_1 \rangle$, unten links: $\langle u_1^3 \rangle$, unten rechts: $\langle \epsilon^{iso} \rangle$

Die normierten Profile der mittleren Geschwindigkeit $f$, der Turbulenzintensität $\langle u_1 \rangle$, der Dreifachkorrelation $\langle u_1^3 \rangle$ und der isotropen Dissipationsrate $\langle \epsilon^{iso} \rangle$ sind in Abb. 6.1 dargestellt. Der Fehlerbalken im linken oberen Diagramm entspricht 0.35% der Außengeschwindigkeit bei $x_1/D$=75. Die Profile der mittleren Geschwindigkeit weisen bereits bei 22.5 Durchmessern Entfernung von der Kugel Selbstähnlichkeit auf, die Turbulenzintensität $u_1$ ab $x_1/D \approx 35$ und die Tripelkorrelation $\overline{u_1^3}$ ab $x_1/D \approx 45$. Die Profile der isotropen Dissipationsrate erreichen bei $x_1/D \approx 60$ Selbstähnlichkeit. An der gewählten Position $x_1/D$=75 für die Zweipunktmessungen zeigen somit alle dargestellten Statistiken Selbstähnlichkeit. Die Wahl der Meßposition stellt einen Kompromiß zwischen einer möglichst guten räumlichen Auflösung der Sonden und einer ausreichend hohen Turbulenzintensität und einem damit verbundenen ausreichend großen Signal-/Rauschverhältnis dar. In Abb. 6.1 (oben links) sind die Verläufe der Verteilungen (5.7) und (5.6) eingezeichnet. Im Randbereich ergibt sich wie bereits beim ebenen Nachlauf eine bessere Übereinstimmung der Meßwerte mit Gleichung (5.6), die daher auch für die weiteren Berechnungen verwendet wurde.

## 6.2 Vergleiche und Konsistenztests der Daten

*Turbulenzstatistiken auf der Nachlaufachse*

Aus den Ansätzen (6.1) und (6.2) ergeben sich die folgenden Beziehungen für die Turbulenzintensität $u_{1c}$ und das Taylorsche Mikromaß auf der Nachlaufachse:

$$(U_\infty/u_{1c})^{3/2} \propto x_1 \ , \qquad \lambda_{iso,c}^2 \propto x_1 . \tag{6.3}$$

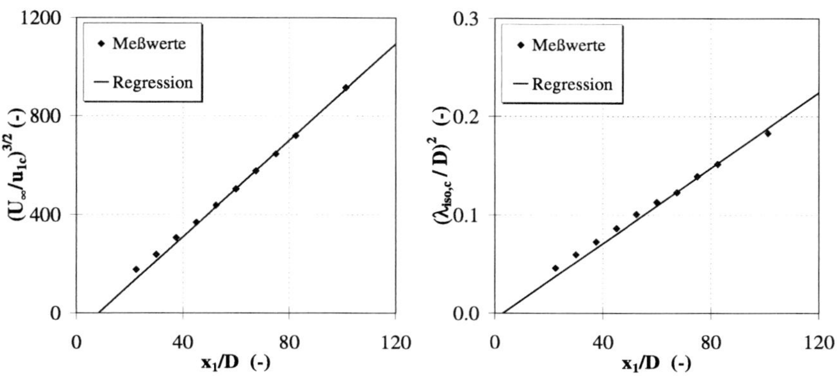


Abb. 6.2: Axialer Verlauf der Turbulenzintensität $u_{1c}$ und des Taylorschen Mikromaßes $\lambda_{iso,c}$ auf der Nachlaufachse; links: $u_{1c}$, rechts: $\lambda_{iso,c}$

Abb. 6.2 zeigt den Vergleich der Meßdaten mit den Gleichungen (6.3). Man erkennt die asymptotische Annäherung der Meßwerte an den jeweiligen Verlauf der Beziehungen (6.3). Der leicht abweichende Wert für $\lambda_{iso,c}$ bei $x_1/D = 101$ kann auf das mit zunehmendem Abstand von der Kugel schlechter werdende Signal-/Rauschverhältnis zurückgeführt werden.

*Integrale Impulsbilanz*

Gemäß Gleichung (2.52) ist der Impulsverlustradius eine Konstante und kann aus den mittleren Geschwindigkeitsprofilen berechnet werden. Abb. 6.3 zeigt die an verschiedenen axialen Positionen bestimmten Impulsverlustradien sowie deren Mittelwert von 0.23mm±0.015mm.

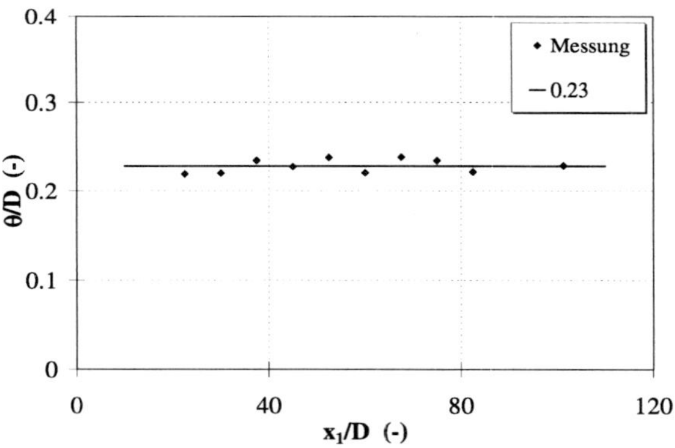


Abb. 6.3: Impulsverlustradien $\theta$, die durch Integration der mittleren Geschwindigkeitsprofile an verschiedenen axialen Positionen des Nachlaufes bestimmt wurden

Mit Hilfe der Beziehung

$$C_D = 8 \left( \frac{\theta}{D} \right)^2 \tag{6.4}$$

ergibt sich ein Widerstandsbeiwert von 0.42 und damit eine gute Übereinstimmung mit den in der Literatur (Hoerner [33], Schlichting [71]) angegebenen Werten $C_D \simeq 0.42$ bzw. $C_D \simeq 0.4$.

*Linearisierte Impulsgleichung*

Die vereinfachte Impulsgleichung in $x_1$-Richtung für das Fernfeld ($U_S \ll U_\infty$) der achsensymmetrischen Nachlaufströmung lautet (vgl. Kapitel 2.2.1):

$$U_\infty \frac{\partial U_1}{\partial x_1} + \frac{\partial \overline{u_1 u_2}}{\partial r} = 0 \,. \tag{6.5}$$

Durch Integration von (6.5) unter Verwendung der Ansätze (6.1) und (6.2) ergibt sich:

$$\frac{\overline{u_1 u_2}}{U_S^2} = -\frac{A_L}{3A_U} \eta f \,. \tag{6.6}$$

Die gemessenen und nach Gleichung 6.6 berechneten Verteilungen der turbulenten Schubspannung sind in Abb. 6.4 aufgetragen.

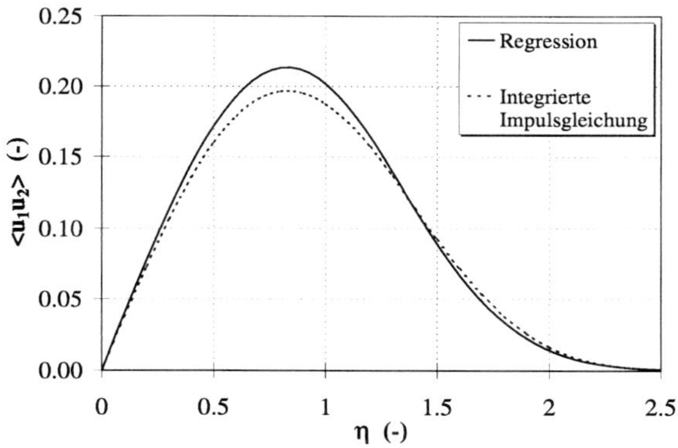


Abb. 6.4: Verteilung der turbulenten Schubspannung $\langle u_1 u_2 \rangle$ im Nachlauf und Vergleich mit der integrierten Impulsgleichung (6.6)

Die größten Abweichungen treten wiederum im Bereich der maximalen Schubspannung auf. Sie betragen etwa 8% und liegen damit im Rahmen der Meßgenauigkeit, vgl. auch Kapitel 5.2.

*Vergleiche der einzelnen Sondenkonfigurationen*

Wie im ebenen Nachlauf werden nachfolgend die Meßergebnisse der mit verschiedenen Sonden gemessenen Turbulenzstatistiken direkt miteinander verglichen. In Abb. 6.5 sind die mit Normaldraht-, X-Draht- und Doppel-X-Drahtsonden gemessenen Turbulenzintensitäten $u_1/U_1$, $u_2/U_1$, $u_3/U_1$ sowie die Schubspannung $\overline{u_1 u_2}/U_1^2$ aufgetragen. Die Abbildungen zeigen jeweils die Meßergebnisse *beider* X-Drahtsonden auf *beiden* Seiten des Nachlaufs. Die in der Legende angegebenen Bezeichnungen (a)-(d) beziehen sich auf die in Abb. 3.1 dargestellten Sondenkonfigurationen.

Die maximalen Abweichungen zwischen den Profilen der Turbulenzintensitäten betragen im Innenbereich des Nachlaufs ±2-3%, im Außenbereich ±3-5%, bei der $u_1$-Komponente sind es im Außenbereich bis zu 7%. Die Abweichungen zwischen den gemessenen Profilen der Schubspannung $\overline{u_1 u_2}/U_1^2$ betragen etwa ±6%, hinzu kommt, daß die Profile nicht exakt durch den Nullpunkt verlaufen. Die Ursache hierfür konnte nicht geklärt werden. Messungen außerhalb der Symmetrieachse scheiden als Ursache aus, der Vergleich von drei Meßreihen, die einen horizontalen Versatz von 2mm aufwiesen, ergab identische Ergebnisse. Insgesamt ist die Übereinstimmung der einzelnen Meßreihen jedoch als gut einzuschätzen.

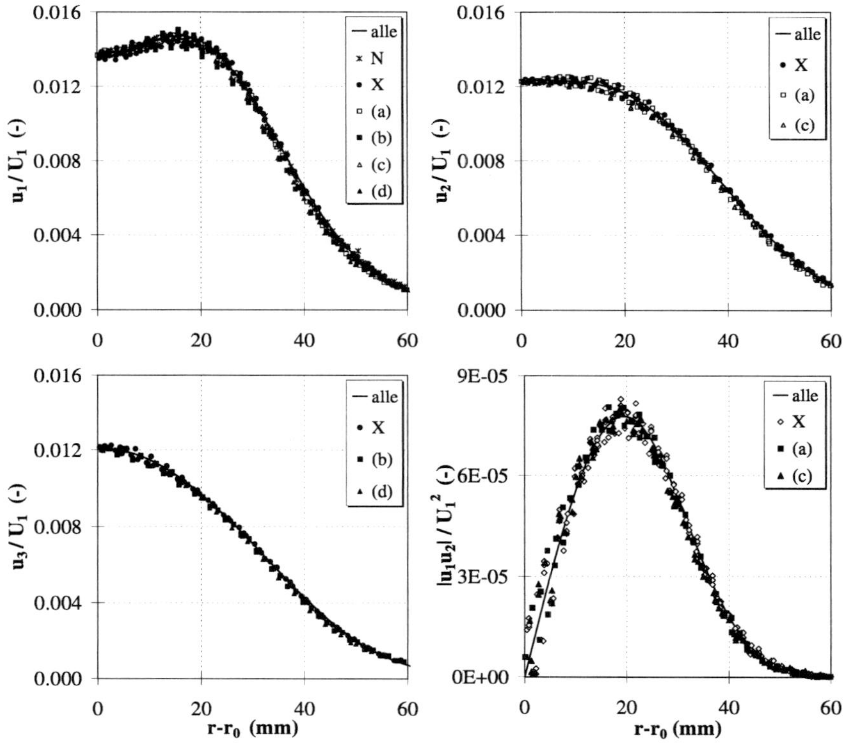


Abb. 6.5: Vergleich der mit X-, Doppel-X- und Normaldrahtsonden gemessenen Turbulenzintensitäten; oben links: $u_1/U_1$, oben rechts: $u_2/U_1$, unten links: $u_3/U_1$, unten rechts: $\overline{u_1 u_2}/U_1^2$

*Vergleiche der gemessenen Reynolds-Spannungen mit Ergebnissen aus der Literatur*

Für den selbstähnlichen achsensymmetrischen Nachlauf einer Kugel liegen bislang nur Meßdaten der Experimente von Uberoi & Freymuth [88] und Freymuth & Uberoi [25] sowie von Gibson et al. [28] vor. Gibson et al. [28] führten allerdings ausschließlich Messungen entlang der Nachlaufachse durch, so daß für den direkten Vergleich der Reynoldsschen Spannungen lediglich die Daten von Uberoi & Freymuth [88] herangezogen werden können. Abb. 6.6 (links) zeigt die gemessenen Profile der Turbulenzintensitäten $\langle u_i \rangle$ und der turbulenten Schubspannung $\langle u_1 u_2 \rangle$. Zur Normierung der Meßdaten von Uberoi & Freymuth [88] wurden die in Tabelle 6.1 angegebenen Werte für $A_U$ und $A_L$ verwendet.

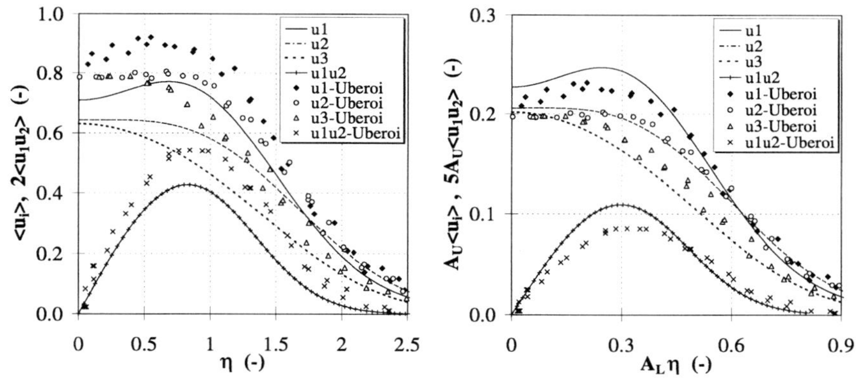


Abb. 6.6: Vergleich der gemessenen Turbulenzintensitäten $\langle u_i \rangle$ und der turbulenten Schubspannung $\langle u_1 u_2 \rangle$ mit den Daten von Uberoi & Freymuth [88]; links: Normierung gemäß (6.1) und (6.2), rechts: Normierung gemäß (6.7) und (6.8)

Obwohl die Frage nach dem Einfluß der Anfangsbedingungen auf die Entwicklung der Nachlaufströmung und auf die Form der selbstähnlichen Profile der Turbulenzstatistiken nicht hinreichend geklärt ist (vgl. Kapitel 5.1), sind aufgrund der ähnlichen Versuchsbedingungen keine großen Unterschiede zu erwarten. Die in Abb. 6.6 (links) dargestellten Profile weisen auch einen qualitativ gleichen Verlauf auf, allerdings liegen die Meßwerte von Uberoi & Freymuth [88] durchgängig um 15-20% höher. Eine mögliche Ursache für diese Abweichungen liegt in der ungenauen Bestimmung des Parameters $A_U$. Um diese Fehlerquelle auszuschalten, sind auf der rechten Seite von Abb. 6.6 die Meßwerte in der von Uberoi & Freymuth [88] verwendeten Normierung,

$$\frac{U_S}{U_\infty} = \left( \frac{x_1 - x_{1,0}}{D} \right)^{-2/3} , \tag{6.7}$$

$$\frac{L}{D} = \left( \frac{x_1 - x_{1,0}}{D} \right)^{1/3}, \tag{6.8}$$

dargestellt. Dabei wurden die Daten von Uberoi & Freymuth [88] direkt aufgetragen, während die eigenen Meßwerte mit $A_U$ bzw. $A_L$ multipliziert werden mußten, um der Normierung gemäß den Gleichungen (6.7) und (6.8) zu entsprechen. Die Abweichungen sind deutlich geringer (<10%), was darauf hindeutet, daß die Unterschiede tatsächlich in erster Linie auf Unsicherheiten bei der Bestimmung von $A_U$ zurückzuführen sind. Ein weiteres Indiz hierfür liefert die linearisierte Impulsgleichung (6.6). Die von Uberoi & Freymuth [88] gemessene Schubspannung $\langle u_1 u_2 \rangle$ weist um etwa 9% höhere Werte auf, als das Profil $A_L/3A_U \eta f$ gemäß Gleichung (6.6), während die eigenen Meßwerte einen um 8% niedrigeren Verlauf zeigen.

## 6.3 Zeitlich gemittelte Ableitungen der Geschwindigkeitsfluktuationen

Die in Kapitel 5.4 dargestellte Vorgehensweise zur Bestimmung der zeitlich gemittelten Ableitungen der Geschwindigkeitsfluktuationen wurde in gleicher Weise auf den achsensymmetrischen Nachlauf übertragen. Aufgrund der guten Übereinstimmung des geometrisch (mit Hilfe eines Mikroskops) vermessenen Sondenabstands mit dem aus der Verschiebung der Geschwindigkeitsprofile in $x_2$-Richtung bestimmten Sondenabstand wurde auf das aufwendige Korrelationsverfahren hierbei verzichtet. Wie in Anhang B dargestellt, ist das Verfahren ohnehin nur für die X-Drahtkonfigurationen (a) und (b) in Abb. 3.1 anwendbar, so daß es lediglich als Ergänzung der beiden anderen Methoden zur Abstandsbestimmung anzusehen ist, vgl. auch Kapitel 5.4.2.

Die in Kapitel 3 abgeleiteten Korrekturen wurden wiederum auf die gemessenen Ableitungen angewandt. Allerdings sind die Korrekturen aufgrund des größeren Kolmogovschen Mikrolängenmaßes[18] $L_k$ und der damit verbundenen besseren Auflösung der Sonden im achsensymmetrischen Nachlauf geringer.

Ein Vergleich der mit verschiedenen Sondenkonfigurationen gemessenen Ableitungen $u_{11}$, $u_{12}$ und $u_{13}$ ist in Abb. 6.7 dargestellt. Zu beachten ist, daß im Unterschied zum ebenen Nachlauf $u_{12}^2$ für $\overline{(\partial u_1/\partial r)^2}$ steht und $u_{13}^2$ für $\overline{(\partial u_1/r\partial\phi)^2}$. Es ergibt sich ein ähnliches Bild wie beim ebenen Nachlauf. Die Übereinstimmung der Ableitung in Strömungsrichtung $u_{11}$ ist sehr gut, die Profile der X-Drahtmessungen sind praktisch identisch, die Normaldrahtmessungen ergeben etwa 3% höhere Werte. Bei den Ableitungen in radialer und tangentialer Richtung weisen die Konfigurationen (a), (b) und (c) wiederum gute Übereinstimmung mit den entsprechenden Eindrahtmessungen auf. Mit den größten Unsicherheiten ist die Konfiguration (d), d.h. die Ableitung $u_{32}$ behaftet. Die mit dieser Konfiguration gemessene Ableitung $u_{12}$ weist im Außenbereich Abweichungen von bis zu 15% auf. Abb. 6.8 zeigt alle neun Ableitungen $u_{ij}$ im achsensymmetrischen Nachlauf.

[18] $L_k$ beträgt auf der Nachlaufachse 0.53mm und bei $r/L$=2 etwa 1mm.

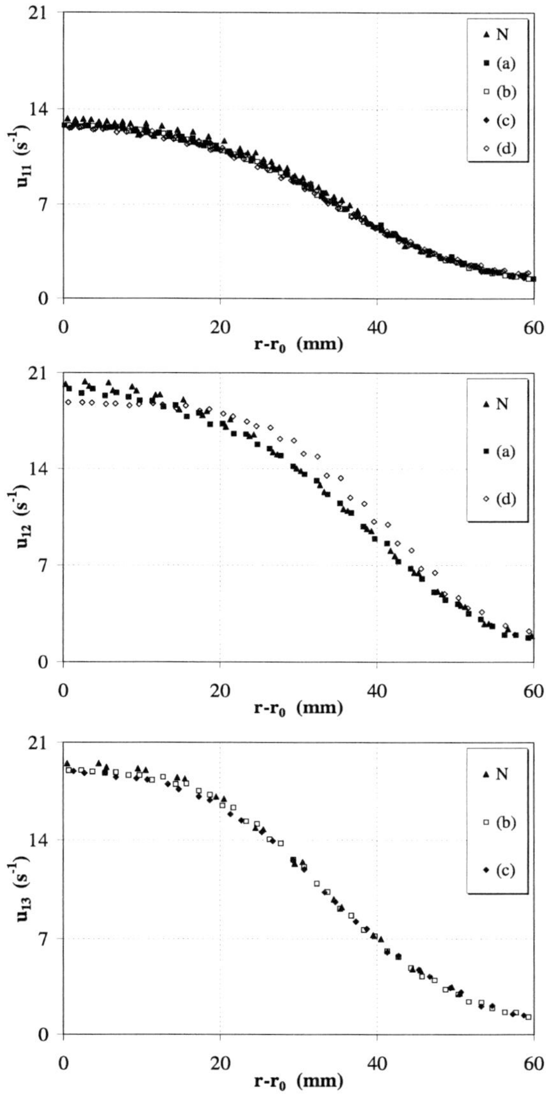


Abb. 6.7: Vergleich der mit verschiedenen Sondenkonfigurationen gemessenen Ableitungen $u_{11}$, $u_{12}$ und $u_{13}$; oben: $u_{11}$, Mitte: $u_{12}$, unten: $u_{13}$

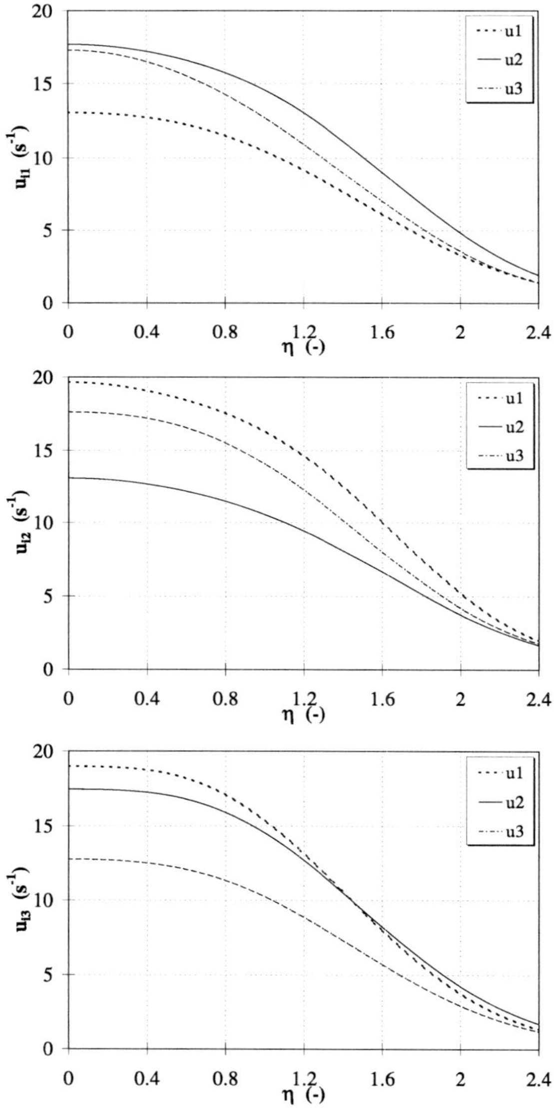


Abb. 6.8: Verteilungen der einzelnen Ableitungen $u_{ij}$; oben: $u_{i1}$, Mitte: $u_{i2}$, unten: $u_{i3}$

## 6.4 Lokale Isotropie und Achsensymmetrie

Mit Hilfe der im vorangegangen Kapitel dargestellten Ableitungen $u_{ij}^2$ lassen sich die Annahmen lokaler Isotropie und lokaler Achsensymmetrie auch für den achsensymmetrischen Nachlauf überprüfen.

Um die Kopplung der Anisotropie der grobskaligen und der feinskaligen Turbulenz, d.h. der Reynoldsschen Spannungen und der Dissipationskorrelationen zu veranschaulichen, soll gemäß Kapitel 5.5 zunächst der Verlauf der Daten in der Anisotropie-Invariantenkarte betrachtet werden. Abb. 6.9 zeigt die entsprechende Darstellung. Die Anisotropie auf der Nachlaufachse ist kleiner als beim ebenen Nachlauf. Bis $\eta \approx 1.5$ verlaufen die Daten praktisch entlang der achsensymmetrischen Grenzkurve. Auch im äußeren Nachlaufbereich bleiben die Abweichungen von der Achsensymmetrie gering. Wie bereits beim ebenen

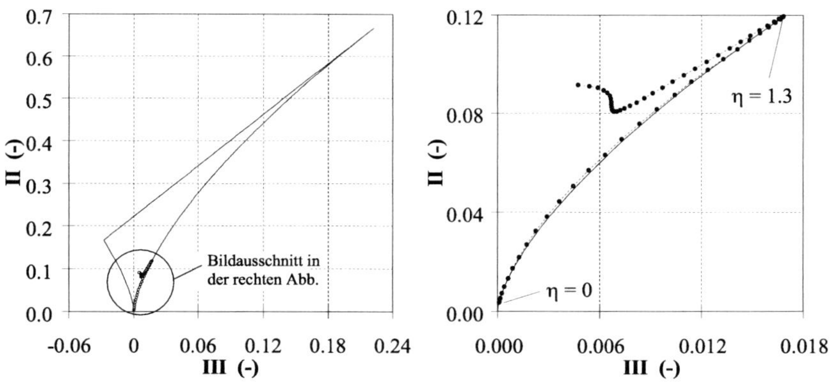


Abb. 6.9: Verlauf der experimentellen Daten in der Anisotropie-Invariantenkarte; links: gesamte Invariantenkarte, rechts: Vergrößerung des Ausschnitts mit den Meßdaten

Nachlauf nimmt die $u_1$-Komponente im Außenbereich schneller als die $u_2$-Komponente ab (vgl. Abb. 6.6), was die Anisotropie wieder verringert, so daß bei $\eta$=1.2 ein Maximum durchlaufen wird.

Zur Quantifizierung der Abweichungen vom Zustand der lokalen Isotropie werden die in Kapitel 5.5 definierten Funktionen $K_1$-$K_{10}$ verwendet. Abb. 6.10 (oben und unten links) zeigt die Verteilungen dieser Funktionen im achsensymmetrischen Nachlauf. Neben den Reynoldsschen Spannungen weisen auch die Dissipationskorrelationen im Bereich der Nachlaufachse eine geringere Anisotropie als beim ebenen Nachlauf auf. Keine der Funktionen $K_1 - K_8$ weicht um mehr als 15% vom Wert 1 ab. Die höheren Werte der

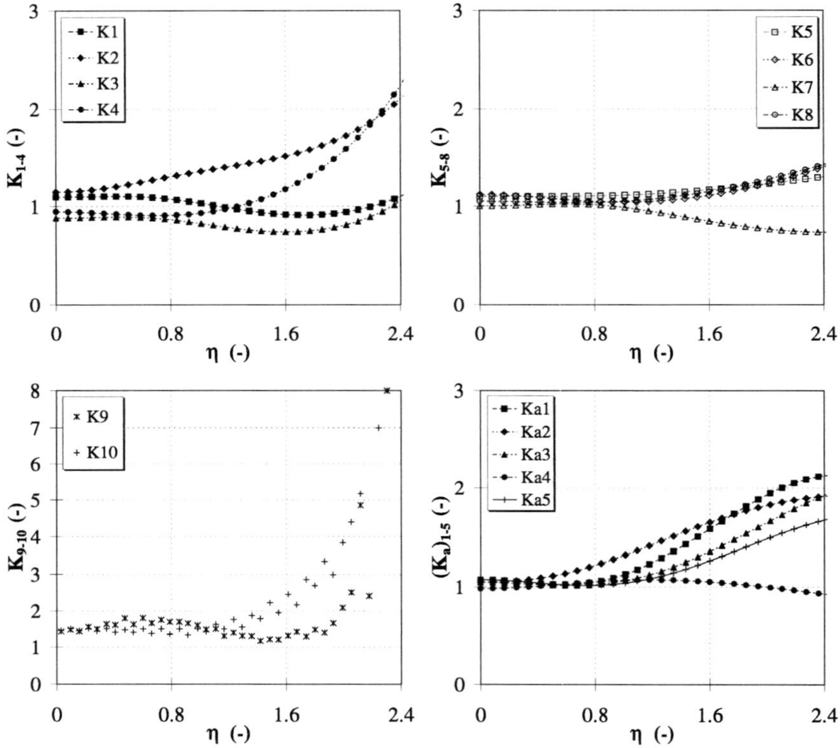


Abb. 6.10: Lokale Isotropie und lokale Achsensymmetrie im Nachlauf: Verteilungen der Funktionen $K_1 - K_{10}$ und $K_{a1} - K_{a5}$; oben links: $K_1 - K_4$, oben rechts: $K_5 - K_8$, unten links: $K_9 - K_{10}$, unten rechts: $K_{a1} - K_{a5}$

Funktionen $K_9$ und $K_{10}$ sind in erster Linie Meßungenauigkeiten zuzuschreiben, alle Dissipationskorrelationen sind im achsensymmetrischen Nachlauf um etwa 60% kleiner als im ebenen Nachlauf. Der Verlauf der Funktionen $K_9$ und $K_{10}$ ist zumindest insofern konsistent, als beide Funktionen bis $\eta \approx 1.2$ näherungsweise gleiche Werte aufweisen und somit die Forderung nach lokaler Achsensymmetrie erfüllen. Mit zunehmender Entfernung von der Nachlaufachse wachsen die Abweichungen von der lokalen Isotropie an.

In Abb. 6.10 (unten rechts) sind die Verteilungen der Funktionen $K_{a1} - K_{a5}$ dargestellt. In der Nähe der Nachlaufachse weisen die Dissipationskorrelationen lokale Achsensymmetrie auf. Die Abweichungen nehmen mit steigendem Abstand von der Achse zu. Interessant ist, daß sich die „Gültigkeit“ der achsensymmetrischen Näherung im Vergleich mit der isotropen Näherung nicht über einen größeren Bereich des Nachlaufs erstreckt. In quasi gleichem Maße, wie die Abweichungen von der lokalen Isotropie anwachsen, steigen auch die Abweichungen von der lokalen Achsensymmetrie. Auf diese Beobachtung wird in Kapitel 7.2 noch gesondert eingegangen.

## 6.5 Turbulente Dissipationsrate

Abb. 6.11 (links) zeigt die gemessene Dissipationsrate $\epsilon$ im achsensymmetrischen Nachlauf sowie die isotropen und achsensymmetrischen Näherungen $\epsilon^{iso}$ und $\epsilon^{axi}$ aus den Gleichungen (5.24), (5.28) und (5.29). Dabei ist wiederum zu beachten, daß im achsensymmetrischen Nachlauf die Ableitungen $\partial/\partial x_2$ durch $\partial/\partial r$ und $\partial/\partial x_3$ durch $\partial/r\partial\phi$ ersetzt werden müssen.

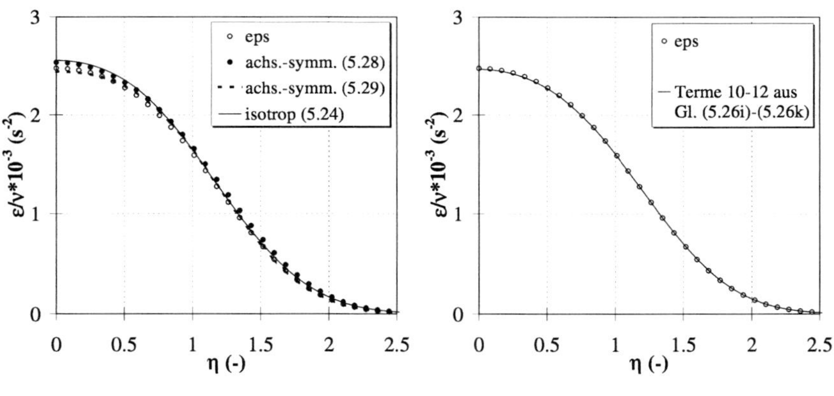


Abb. 6.11: Turbulente Dissipationsrate im achsensymmetrischen Nachlauf; links: Vergleich der gemessenen Dissipationsrate (mit „eps“ bezeichnet) mit den isotropen und achsensymmetrischen Näherungen aus den Gleichungen (5.24), (5.28) und (5.29); (rechts): Vergleich von $\epsilon$ und $\overline{\epsilon}$ aus Gleichung (A.1), die Terme 10-12 (Gleichung (A.2)) wurden durch Anwendung der isotropen Beziehungen (5.26i) - (5.26k) bestimmt.

Die geringeren Abweichungen von der lokalen Isotropie bzw. Achsensymmetrie spiegeln sich auch in den Profilen der turbulenten Dissipationsrate wider. Sowohl die isotrope als auch die achsensymmetrische Näherung der turbulenten Dissipationsrate besitzen im gesamten Nachlaufbereich Gültigkeit. Auch die geforderte Übereinstimmung mit der Dissipationsrate $\bar{\epsilon}$ nach Gleichung (A.1) ist erfüllt, wie im rechten Diagramm der Abb. 6.11 gezeigt.

## 6.6 Gleichgewicht der turbulenten kinetischen Energie

Die Transportgleichung der turbulenten kinetischen Energie für den achsensymmetrischen Nachlauf lautet (vgl. Kapitel 2.2.1):

$$\underbrace{U_1 \frac{\partial}{\partial x_1} \frac{q^2}{2}}_{Konvektion} = \underbrace{- \overline{u_1 u_2} \frac{\partial U_1}{\partial r}}_{Produktion} \underbrace{- \frac{1}{r} \frac{\partial}{\partial r} r \overline{u_2 \frac{p}{\rho}}}_{Druck-Diffusion} \underbrace{- \frac{1}{r} \frac{\partial}{\partial r} r \overline{u_2 \frac{q^2}{2}}}_{q^2-Diffusion} \underbrace{- \epsilon}_{Dissipation} \ . \tag{6.9}$$

Alle Terme in (6.9) wurden gemessen, ausgenommen wiederum die Druck-Diffusion. Zur Bestimmung des Konvektionsterms wurde die Selbstähnlichkeit des Nachlaufs ausgenutzt, vgl. Kapitel 5.7. Der Produktionsterm ergibt sich aus den gemessenen Profilen der Schubspannung $\overline{u_1 u_2}$ und der mittleren Geschwindigkeit $U_1$. Die Korrelation $\overline{u_2 u_3^2}$, die zur $q^2$-Diffusion beiträgt, wurde nach der von Townsend [83] vorgeschlagenen Methode bestimmt, die in Kapitel 5.7 ausführlicher beschrieben ist. Die gemessenen Profile aller Dreifach-Geschwindigkeitskorrelationen sind in Abb. 6.12 dargestellt.

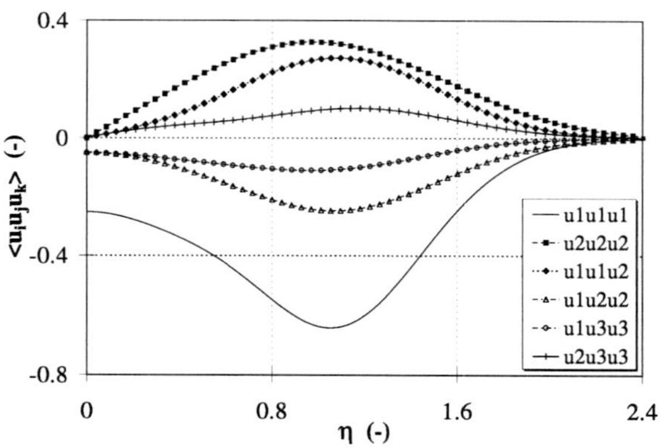


Abb. 6.12: Verteilungen der Dreifach-Geschwindigkeitskorrelationen $\langle u_i u_j u_k \rangle$ im achsensymmetrischen Nachlauf

Gegenüber dem ebenen Nachlauf sind spürbare Unterschiede zu verzeichnen. Keine der Dreifachkorrelationen wechselt im Nachlaufbereich das Vorzeichen. Alle drei Tripelkorrelationen $\langle u_2 q^2 \rangle$ weisen auf der Nachlaufachse ein positives Vorzeichen auf, was einem Transport von turbulenter kinetischer Energie aus dem Innen- in den Außenbereich des Nachlaufs entspricht. Während die turbulente Dissipation im achsensymmetrischen Nachlauf nur etwa 40% der Dissipationsrate des ebenen Nachlaufs beträgt, übersteigen die Dreifachkorrelationen sogar die entsprechenden Werte des ebenen Nachlaufs. Der Einfluß der turbulenten Diffusion ist somit im achsensymmetrischen Nachlauf nochmals größer als beim ebenen Nachlauf.

Aus der Summe der gemessenen Terme in (6.9) ergibt sich die Druck-Diffusion. Die Verteilungen aller Terme sind in Abb. 6.13 dargestellt.

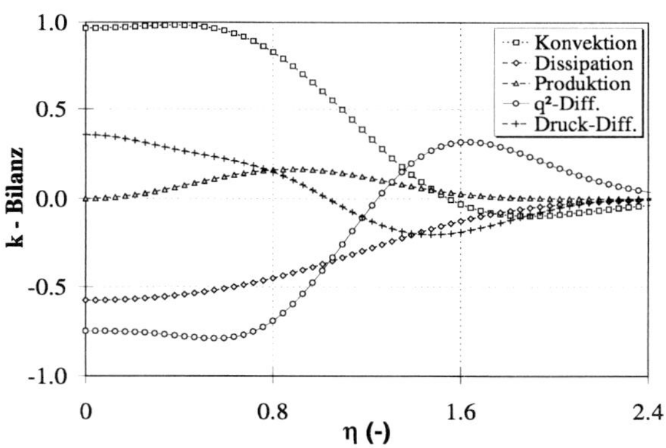


Abb. 6.13: Gleichgewicht der turbulenten kinetischen Energie im achsensymmetrischen Nachlauf

Die Größenverteilung der einzelnen Terme unterscheidet sich deutlich von denen des ebenen Nachlaufs. Wie anhand der Verteilungen der Dreifachkorrelationen diskutiert, spielt der $q^2$-Diffusionsterm insbesondere im Außenbereich eine dominante Rolle. Die turbulente Produktion ist hingegen von untergeordneter Bedeutung, kann jedoch nicht vernachlässigt werden. Die Verteilungen der einzelnen Terme der k-Gleichung sind Ausdruck der gemessenen Statistiken. Während an der Meßposition das Geschwindigkeitsdefizit deutlich kleiner als beim ebenen Nachlauf ist, sind die Turbulenzintensitäten nur geringfügig kleiner, was gleichbedeutend mit einer Verstärkung der Konvektion gegenüber der Produktion ist. Gleiches gilt auch für den Vergleich von $q^2$-Diffusion und turbulenter Produktion, da die Dreifachkorrelationen im achsensymmetrischen Nachlauf sogar die entsprechenden Werte des ebenen Nachlaufs übersteigen. Auch der Einfluß der turbulenten Dissipation ist im achsensymmetrischen Nachlauf schwächer, allerdings nicht so deutlich wie die Produktion.

Die Transportmechanismen sind damit gegenüber dem ebenen Nachlauf einfacher. Aufgrund der nahezu fehlenden Turbulenzproduktion bewirkt lediglich der Konvektionsterm einen Gewinn an Turbulenzenergie, die turbulente Diffusion (Summe aus $q^2$- und Druck-Diffusion) verteilt die Turbulenzenergie von Gebieten höherer in Gebiete niedrigerer Turbulenzintensität, d.h. vom Innen- in den Außenbereich des Nachlaufs. Allerdings ist zu beachten, daß $q^2$- und Druck-Diffusion unterschiedliche Vorzeichen aufweisen, der Transport also in entgegengesetzter Richtung erfolgt. Die Verteilung der turbulenten Dissipation folgt im wesentlichen der Verteilung der turbulenten kinetischen Energie.

Die beiden Diffusionsterme müssen den integralen Bedingungen

$$\int_0^\infty \frac{\partial}{\partial r}(r\,\overline{u_2 \frac{q^2}{2}})\,dr = 0 \tag{6.10a}$$

$$\int_0^\infty \frac{\partial}{\partial r}(r\,\frac{\overline{u_2 p}}{\rho})\,dr = 0 \tag{6.10b}$$

gehorchen. Die $q^2$-Diffusion erfüllt die Bedingung, das Defizit beträgt lediglich 1.4% (relativ zum Integral $\int_0^\infty \mid \partial/\partial r(...) \mid dr$ ). Die Druck-Diffusion weist hingegen ein Defizit von 39% auf. Das Defizit beträgt damit fast 90% des integrierten Produktionsterms.

Als Ursache der unausgeglichenen Bilanz sind Symmetrieabweichungen denkbar. Um die Symmetrie der Strömung zu testen, wurden bei $x_1/D$=101 mit einer Normaldrahtsonde Messungen des gesamten Strömungsgebietes aufgenommen. Abb. 6.14 zeigt die aus den Messungen berechneten Isolinien der Turbulenzintensität $u_1/U_1$ sowie der normierten Drei- und Vierfachkorrelationen (Skwness- und Flatness-Parameter), $S_{u_1} = \overline{u_1^3}/u_1^3$ bzw. $F_{u_1} = \overline{u_1^4}/u_1^4$. Überraschend ist der starke Einfluß der Kugelaufhängung. Die Befestigungsdrähte sind in allen drei Diagrammen zu erkennen. Das übrige Strömungsgebiet weist hingegen eine sehr gute Achsensymmetrie auf, lediglich die Verteilungen der Dreifachkorrelationen zeigen im Mittenbereich geringfügige Abweichungen. Insgesamt ist der Einfluß der Drähte am deutlichsten anhand der Dreifachkorrelationen zu erkennen. Aufgrund der in Abb. 6.14 dargestellten Verteilungen scheiden Symmetrieabweichungen als Ursache aus.

Als weitere mögliche Ursache müssen Meßungenauigkeiten ausgeschlossen werden. Das soll im folgenden anhand einzelnen Terme der Gleichung (6.9) erfolgen.

Produktionsterm:
Der Produktionsterm scheidet aufgrund seiner geringen Größe als Ursache aus. Um das Defizit auszugleichen, müßte der Produktionsterm negative Werte annehmen.

Dissipationsterm:
Der Fehler bei der Bestimmung des Dissipationsterms liegt unter 10%. Für den Ausgleich

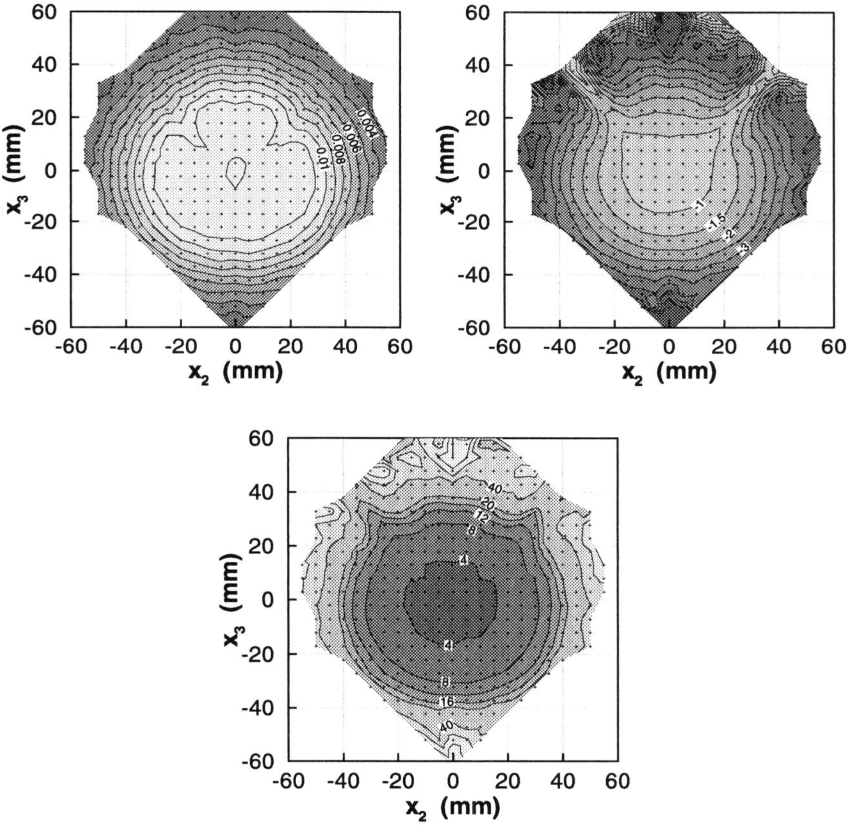


Abb. 6.14: Isolinien der Turbulenzintensität $u_1/U_1$ sowie der normierten Drei- und Vierfachkorrelationen (*Skewness*- und *Flatness*-Parameter) $S_{u_1} = \overline{u_1^3}/u_1^3$ bzw. $F_{u_1} = \overline{u_1^4}/u_1^4$; oben links: $u_1/U_1$, oben rechts: $S_u$, unten: $F_u$

des Defizits ist jedoch eine Erhöhung der Dissipationsrate um 25% erforderlich, so daß die Dissipationsrate allein nicht ausreicht, um das Defizit zu erklären. Außerdem führt eine Erhöhung der turbulenten Dissipationsrate zu unrealistisch hohen Werten der Druck-Diffusion.

$q^2$-Diffusion:

Die $q^2$-Diffusion kann als Fehlerquelle eliminiert werden, indem die Summe aus Konvektion, Produktion und Dissipation gebildet wird. Die resultierende turbulente Diffusion (Summe aus $q^2$- und Druck-Diffusion) muß ebenfalls der integralen Bedingung gemäß (6.10a) bzw. (6.10b) genügen. Abb. 6.15 zeigt die auf diese Weise bestimmte Bilanz der turbulenten, kinetischen Energie. Das Defizit bleibt bestehen und beträgt 20% der Gesamtfläche des integrierten Diffusionsterms. Daraus ist zu schlußfolgern, daß die $q^2$-Diffusion nicht für das Defizit der Bilanz verantwortlich ist.

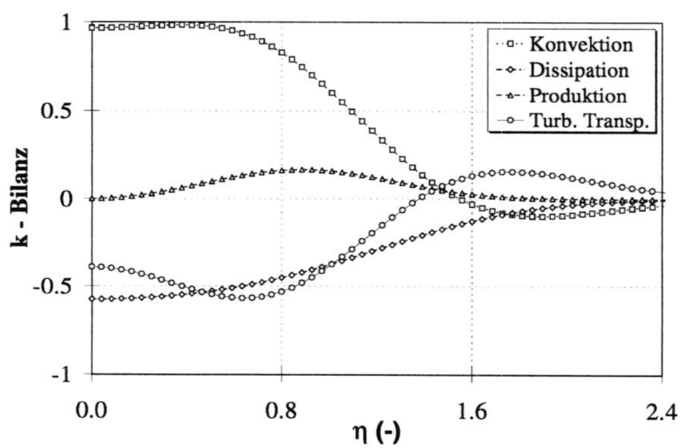


Abb. 6.15: Gleichgewicht der turbulenten kinetischen Energie im achsensymmetrischen Nachlauf: Der turbulente Diffusionsterm wurde aus der Summe der übrigen Terme gebildet.

Konvektionsterm:

Der normierte Konvektionsterm kann wie folgt geschrieben werden:

$$\frac{L}{U_S^3} U_1 \frac{\partial}{\partial x_1} \frac{q^2}{2} \simeq \frac{L}{U_S^3} U_\infty \frac{\partial}{\partial x_1} \frac{q^2}{2} = -\frac{A_L}{A_U} \left( \frac{\eta}{6} \frac{d\langle q^2 \rangle}{d\eta} + \frac{2}{3} \langle q^2 \rangle \right) \qquad (6.11)$$

Die Fehler bei der Bestimmung des Konvektionsterms resultieren in erster Linie aus den Ähnlichkeitsparametern $A_U$ und $A_L$. Während die Messung von $A_L$ zuverlässig ist (etwa $\pm 2\%$), kann für $\Delta A_U \approx 6\%$ angesetzt werden. Der Gesamtfehler des Konvektionsterms sollte 10% nicht übersteigen. Zudem deutet der in Kapitel 6.2 dargestellte Vergleich mit den Daten von Uberoi & Freymuth [88] (siehe auch Tabelle 6.1) eher auf einen zu hohen Wert $A_U$ hin. Ein kleinerer Wert $A_U$ würde gemäß Gleichung (6.11) den Konvektionsterm und damit das Defizit vergrößern. Um den Einfluß der Fehler bei der Bestimmung der

Ähnlichkeitsparameter $A_U$ und $A_L$ auszuschließen und zudem einen Vergleich mit den Daten von Uberoi & Freymuth [88] herzustellen, wurde die gesamte Bilanz der turbulenten kinetischen Energie gemäß (6.7) und (6.8) normiert. Abb. 6.16 zeigt die Bilanz im Vergleich mit den Daten von Uberoi & Freymuth [88].

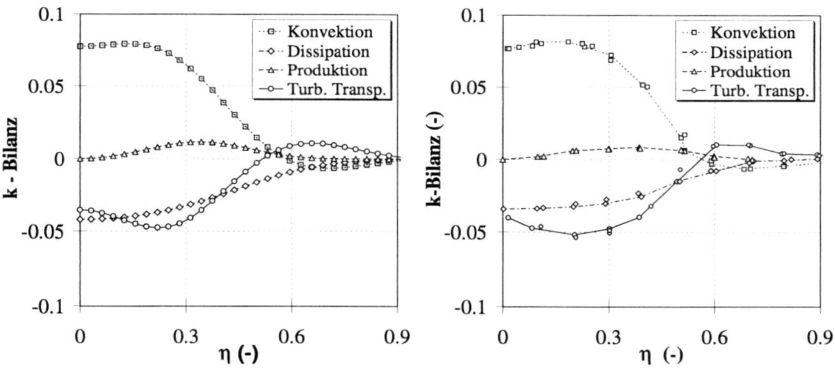


Abb. 6.16: Gleichgewicht der turbulenten kinetischen Energie (links) und Vergleich mit den Daten von Uberoi & Freymuth [88] (rechts) mit $A_U$=$A_L$=1;

Uberoi & Freymuth [88] bestimmten den turbulenten Diffusionsterm aus der Summe aller übrigen Terme. Der Vergleichbarkeit halber ist im linken Diagramm der Abb. 6.16 ebenfalls die durch Summenbildung berechnete turbulente Diffusion dargestellt. Die Übereinstimmung der Verteilungen der einzelnen Terme ist bemerkenswert. Allerdings erhält man daraus keinen Hinweis zur Lösung des Problems. Das Defizit in der Bilanz von Uberoi & Freymuth [88] ist sogar etwas größer als das der eigenen Daten.

Eine weitere Möglichkeit zur Überprüfung des Konvektionsterms besteht darin, ihn direkt durch Ableitung der gemessenen Profile der Reynoldsschen Normalspannungen in $x_1$-Richtung zu bestimmen. Da nur Profile der $u_1$-Komponente an verschiedenen axialen Positionen gemessen wurden, waren folgende Annahmen notwendig:

$$\left.\begin{aligned} \frac{\partial(\overline{u_1^2}/\overline{u_2^2})}{\partial x_1} &\approx 0\,, \\ \frac{\partial(\overline{u_1^2}/\overline{u_3^2})}{\partial x_1} &\approx 0\,. \end{aligned}\right\} \tag{6.12}$$

Damit konnte der Gradient $(\partial k/\partial x_1)_{x_1/D=75}$ als Zentraldifferenzenquotient aus den gemessenen Profilen bei $x_1/D = 67.5$ und $x_1/D = 82.5$ bestimmt werden. Abb. 6.17 zeigt die Bilanz der turbulenten kinetischen Energie unter Verwendung des direkt bestimmten Konvektionsterms.

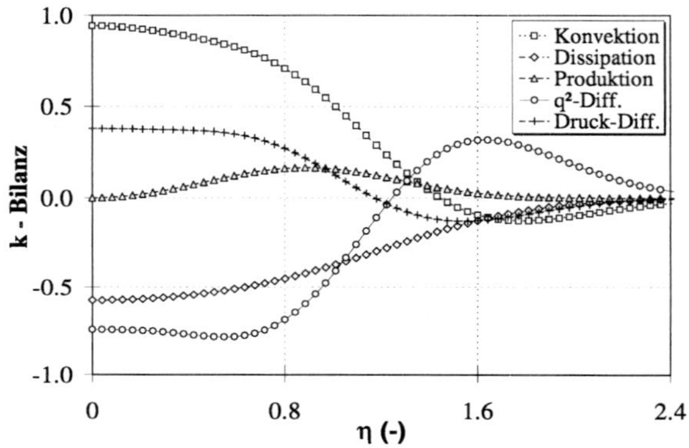


Abb. 6.17: Gleichgewicht der turbulenten kinetischen Energie im achsensymmetrischen Nachlauf: Der Konvektionsterm wurde durch Bildung der Ableitung $\partial\overline{u_1^2}/\partial x_1$ unter Hinzunahme der Beziehungen (6.12) aus den in Abb. 6.1 und 6.5 dargestellten Profilen der Normalspannungskomponenten berechnet.

Gegenüber Abb. 6.13 weist der Konvektionsterm in Abb. 6.17 im inneren Nachlaufbereich kleinere, im Außenbereich hingegen etwas größere Werte auf. Dadurch verändert sich der Schnittpunkt mit der Abszisse. Obgleich die Unterschiede insgesamt nicht sehr groß sind, erhält man mit dem direkt bestimmten Konvektionsterm eine nahezu ausgeglichene Bilanz. Die aus der Summe aller übrigen Terme berechnete Druck-Diffusion erfüllt die Bedingung (6.10b) mit zufriedenstellender Genauigkeit. Das verbleibende Defizit wechselt gegenüber Abb. 6.13 das Vorzeichen und beträgt 6% (relativ zum Integral $\int_0^\infty \mid \partial/\partial r(...) \mid r dr$ ). Die Hauptursache für diese Veränderung liegt in der Multiplikation mit der radialen Koordinate $r$, wodurch der Integralwert der Druck-Diffusion empfindlich auf Verschiebungen entlang der Abszisse reagiert. Interessant ist, daß die Druck-Diffusion sehr gut mit dem von Lumley [53] vorgeschlagenen Modellansatz

$$-\frac{1}{\rho}\overline{u_2 p} \approx 0.4\,\overline{u_2\frac{q^2}{2}} \tag{6.13}$$

übereinstimmt. Beides weist auf eine realistische Verteilung hin. Damit bestätigt sich der starke Einfluß der Druck-Diffusion im achsensymmetrischen Nachlauf. Die Messungen von Hussein et al. [35] deuten darauf hin, daß eine ähnliche Situation auch im achsensymmetrischen Freistrahl vorliegt.

Die obige Diskussion läßt sich wie folgt zusammenfassen: Mit Hilfe des direkt bestimmten Konvektionsterms kann eine ausgeglichene Bilanz der turbulenten kinetischen Energie erzielt werden. Gegenüber dem ebenen Nachlauf weist der Produktionsterm deutlich geringe Werte auf, der Druck-Diffusionsterm hingegen deutlich höhere. Letzteres ist ein Hinweis darauf, daß die Zweipunkt-Druck-Geschwindigkeitskorrelationen im achsensymmetrischen Fall keine lokale Homogenität aufweisen und in der Gleichung (2.16) beibehalten werden müssen. Die Modellierung dieser Gleichung verkompliziert sich dadurch beträchtlich. Auch die in Kapitel 7 dargestellte Bilanz der modellierten Dissipationsgleichung deutet darauf hin, daß die Zweipunkt-Druck-Geschwindigkeitskorrelationen keine lokale Homogenität aufweisen. Nur durch eine entsprechende Modifikation des modellierten turbulenten Transports kann eine ausgeglichene Bilanz der turbulenten Dissipationsrate erreicht werden.

# 7 Verifikation des Dissipationsmodells

Das in Kapitel 2.1.5 vorgestellte Dissipationsmodell wurde in vorangegangenen Arbeiten (Jovanović et al. [41]) bereits mit einigen numerischen Datensätzen sowie mit den experimentellen Daten von Ye [95] verglichen. Zur weiteren Verifizierung sollen die in den Kapiteln 5 und 6 vorgestellten Meßergebnisse verwendet werden.

## 7.1 Komponenten des Dissipationstensors

### Ebener Nachlauf

Kerngedanke des Modells für die Dissipationskomponenten nach Gleichung (2.36) ist ein linearer Zusammenhang zwischen dem Anisotropietensor der Reynoldsschen Spannungen $a_{ij}$ und dem Anisotropietensor der Dissipationskorrelationen $e_{ij}$. Für achsensymmetrische Turbulenz ist diese Beziehung exakt, an der Wand (Zweikomponenten-Turbulenz) sind beide Tensoren gleich groß, d.h. $e_{ij} = a_{ij}$. Auch für das übrige Gebiet innerhalb der Anisotropie-Invariantenkarte sind keine größeren Abweichungen von der Linearität zwischen $e_{ij}$ und $a_{ij}$ zu erwarten, was auch durch DNS-Daten bestätigt wird.

Für die Berechnung der Komponenten des Dissipationstensors gemäß Gleichung (2.36) ist die Bestimmung der skalaren Funktionen A und B notwendig. Aufgrund der geringen Anisotropie und der kleinen Gradienten der mittleren Geschwindigkeit gilt für beide untersuchten Nachlaufströmungen:

$$B\tilde{S}_{ij} \approx 0\,, \tag{7.1}$$

Neben dem Ausdruck $B\tilde{S}_{ij}$ kann auch der inhomogene Anteil der Dissipationskorrelationen $\Delta_x \overline{u_i u_j}/4$ vernachlässigt werden. Das Modell der Dissipationskomponenten (2.36) vereinfacht sich damit wie folgt:

$$\epsilon_{ij} = \epsilon \left( \frac{1}{3}(1-A)\,\delta_{ij} + A\frac{\overline{u_i u_j}}{q^2} \right) . \tag{7.2}$$

Die Invariantenfunktion $A$ kann für den Grenzfall $Re_\lambda \to \infty$ mit Hilfe des in Kapitel 2.1.4 dargestellten Interpolationsverfahrens aus den in Abb. 2.4 dargestellten Grenzwerten wie folgt approximiert werden, vgl. Jovanović et al. [41]:

$$A = (1-F) + 9\left[ \frac{3}{4}\left( \frac{4}{3}|III| \right)^{2/3} - III \right] F\,. \tag{7.3}$$

Die Funktion $F$ ergibt sich aus Gleichung (2.26). Allerdings ist der Grenzwert $Re_\lambda \to \infty$ nur eine erste Näherung, die turbulente Reynoldszahl $Re_\lambda$ war in beiden Fällen niedrig und betrug etwa 50.

Abb. 7.1 zeigt den Vergleich der gemessenen Dissipationskorrelationen mit dem Modell nach Gleichung (7.2) und der isotropen Verteilung, bei der alle Komponenten gleich groß sind. Die Komponente $\langle\epsilon_{11}\rangle$ weist im Mittenbereich etwa 14% geringere Werte als das

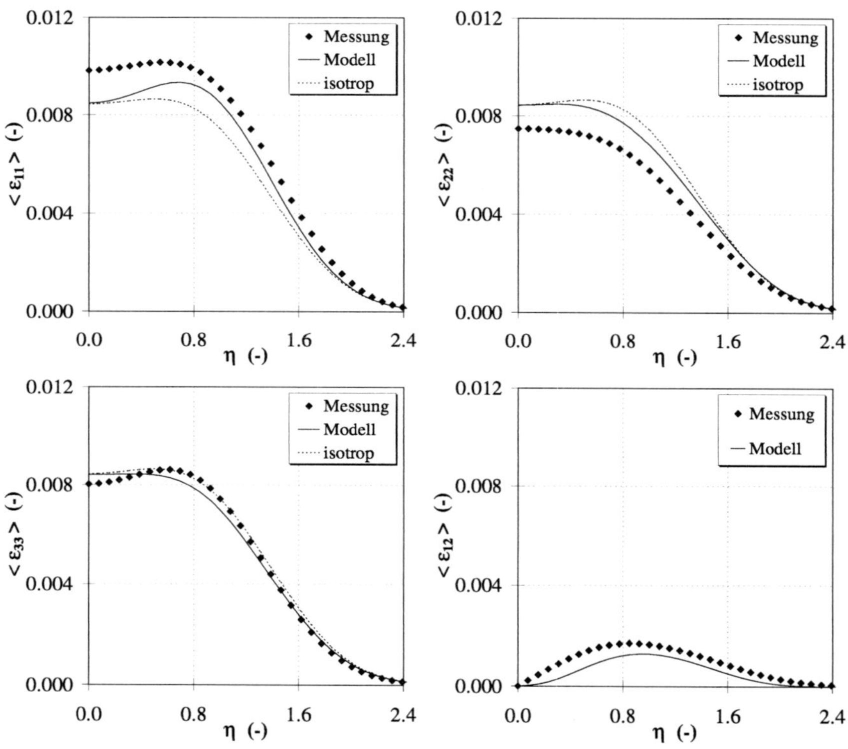


Abb. 7.1: Vergleich der im ebenen Nachlauf direkt gemessenen Komponenten des Dissipationstensors mit dem Modell (Gleichungen (7.2) und (7.3)) und der isotropen (Gleich-) Verteilung; oben links: $\langle\epsilon_{11}\rangle$, oben rechts: $\langle\epsilon_{22}\rangle$, unten links: $\langle\epsilon_{33}\rangle$, unten rechts: $\langle\epsilon_{12}\rangle$

Modell auf. Diese Abweichungen sind in erster Linie auf die angedeutete Reynoldszahlabhängigkeit der Invariantenfunktion $A$ zurückzuführen. Da dem verwendeten Modell der Grenzwert $Re_\lambda \to \infty$ (und damit $A \to 0$) zugrunde liegt, und im Mittenbereich nur eine sehr geringe Anisotropie vorliegt, ergibt sich ein zu kleiner Wert für $A$, vgl. Abb. 7.2.

Auch die Abweichungen der Diagonalenkomponente können zum Teil mit dem zu kleinen $A$ begründet werden. Die Übereinstimmung der Komponente $\langle\epsilon_{33}\rangle$ mit dem Modell ist gut, bei $\langle\epsilon_{22}\rangle$ treten Abweichungen von etwa 12% auf. Da beide Komponenten im Mittenbereich negative Anisotropiekomponenten aufweisen, tritt ein gegenteiliger Effekt auf: Bei zu kleinem $A$ werden durch das Modell zu hohe Werte für die Dissipationskomponenten vorausgesagt. Auf diese Weise lassen sich jedoch nicht die gesamten Unterschiede zwischen Messung und Modell erklären. Während die gemessenen Dissipationskomponenten Abweichungen von der Achsensymmetrie aufweisen, sind die modellierten Dissipationskomponenten $\langle\epsilon_{22}\rangle$ und $\langle\epsilon_{33}\rangle$ fast gleich groß. Hier deutet sich der Einfluß von Nichtlinearitäten an, die entlang der Grenzkurven der Anisotropie-Invariantenkarte verschwinden, jedoch im inneren Bereich vorhanden sind. Allerdings ist deren Wirkung sekundär, das Modell verkompliziert sich hingegen bei Berücksichtigung der Nichtlinearitäten erheblich. Darüber hinaus sind auch Abweichungen aufgrund von Meßfehlern zu berücksichtigen, die eine Größe von 10% erreichen können. Insgesamt ist die Übereinstimmung zwischen Modell und Messung recht gut, die diskutierte Reynoldszahlabhängigkeit ist für technische Strömungen ohne Belang, da diese in der Regel deutlich höhere Reynoldszahlen aufweisen.

Die Invariantenfunktion $A$ kann auch direkt aus den Meßdaten bestimmt werden. Wegen $B\tilde{S}_{ij} \approx 0$ gilt:

$$A = \sqrt{\frac{II_e}{II}}\,. \tag{7.4}$$

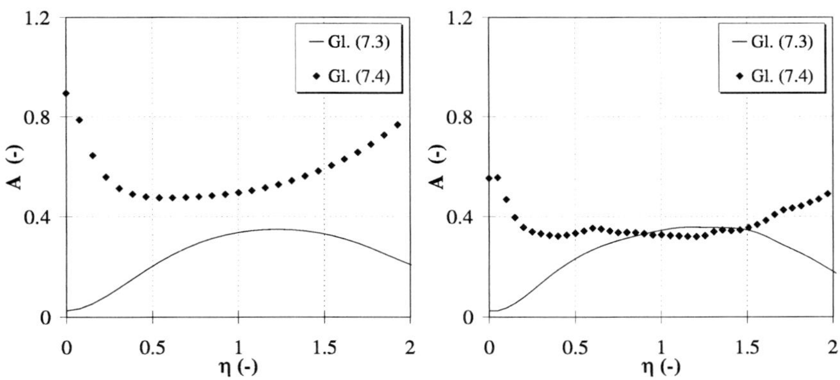


Abb. 7.2: Vergleich der nach den Gleichungen (7.3) und (7.4) bestimmten Verteilungen der Invariantenfunktion $A$ im ebenen Nachlauf; links: Meßwerte, rechts: DNS-Daten von Moser et al. [57]

In Abb. 7.2 (links) sind die aus den Gleichungen (7.3) und (7.4) bestimmten Verteilungen von $A$ dargestellt. In der Nähe der Nachlaufachse zeigen sich die diskutierten Unterschiede. Während das Modell wegen $II \rightarrow 0$ den Wert Null anstrebt (vgl. Abb. 2.4), weist der nach Gleichung (7.4) bestimmte Verlauf auf der Achse die höchsten Werte auf. Dabei ist allerdings zu berücksichtigen, daß wegen der sehr kleinen Anisotropien die Bestimmung von $A$ aus Gleichung (7.4) mit größeren Unsicherheiten verbunden ist. Das gleiche gilt auch für den Außenbereich, dort allerdings aufgrund des geringen Turbulenzniveaus und der Intermittenz.

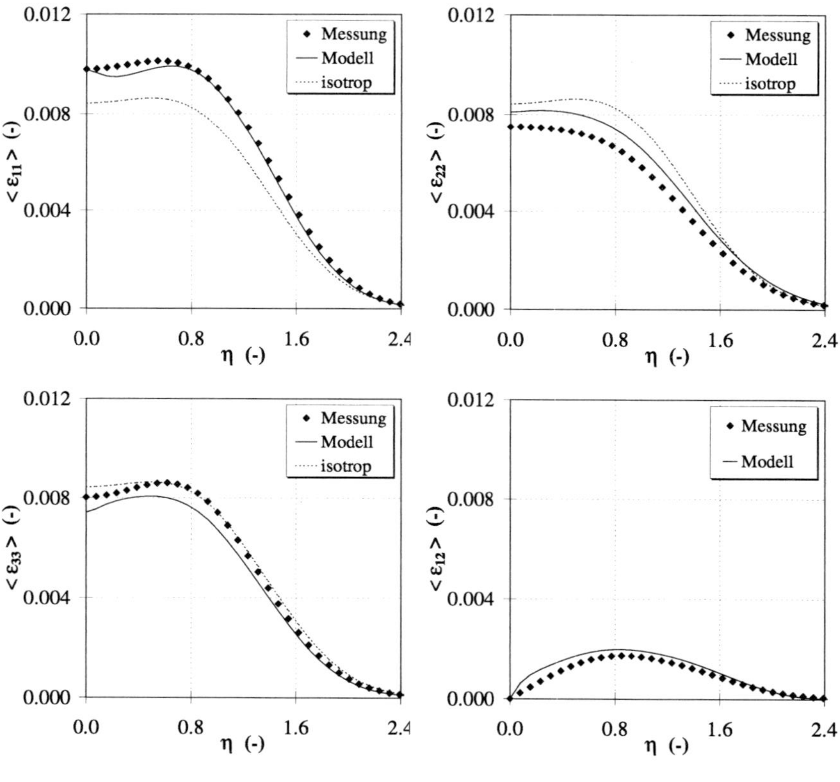


Abb. 7.3: Vergleich der im ebenen Nachlauf direkt gemessenen Komponenten des Dissipationstensors mit dem Modell nach den Gleichungen (7.2) und (7.4) und der isotropen (Gleich-)Verteilung; oben links: $\langle \epsilon_{11} \rangle$, oben rechts: $\langle \epsilon_{22} \rangle$, unten links: $\langle \epsilon_{33} \rangle$, unten rechts: $\langle \epsilon_{12} \rangle$

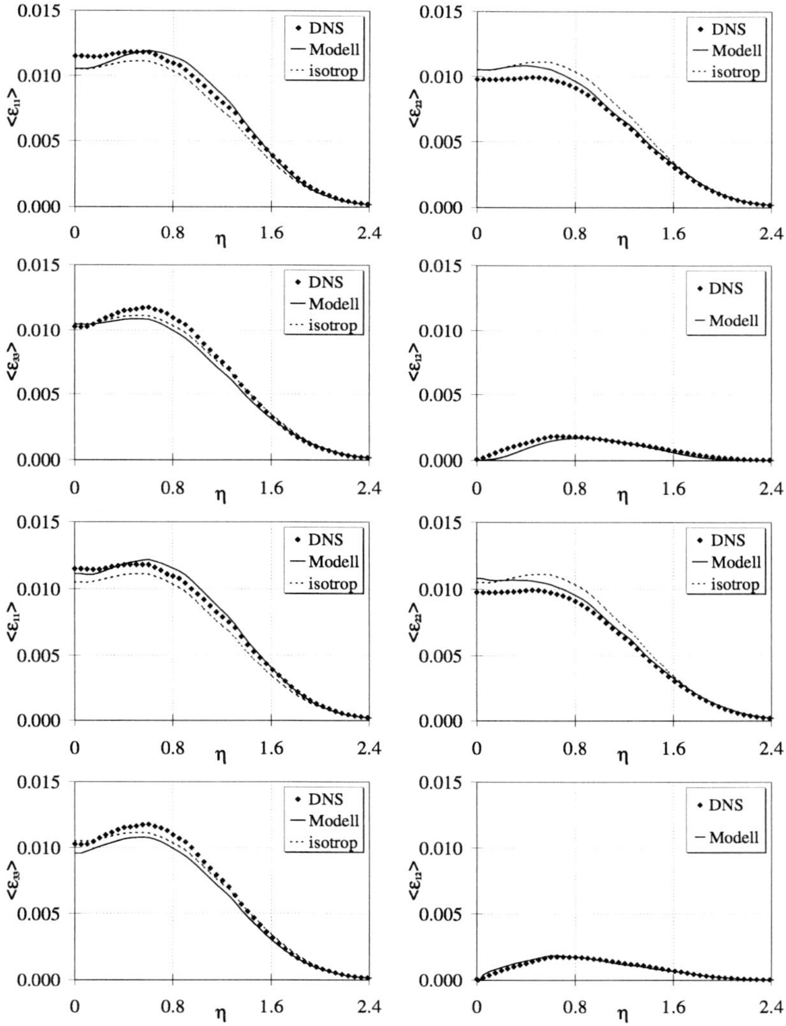


Abb. 7.4: Vergleich der simulierten Komponenten (Moser et al. [57]) des Dissipationstensors („DNS“) mit dem Modell nach den Gleichungen (7.2) und (7.3) bzw. (7.2) und (7.4) sowie mit der isotropen (Gleich-)Verteilung; obere vier Diagramme: $A$ aus Gleichung (7.3), untere vier Diagramme: $A$ aus Gleichung (7.4)

Abb. 7.2 (rechts) zeigt als Vergleich die aus den DNS-Daten von Moser et al. [57] bestimmte Invariantenfunktion $A$. Es ergibt sich ein qualitativ ähnliches Verhalten, allerdings weist das nach (7.4) bestimmte $A$ geringere Werte auf. Ursache hierfür ist die kleinere Anisotropie der Dissipationskomponenten, die wiederum vermutlich mit der höheren Reynoldszahl der DNS-Daten zusammenhängt.

Um den Einfluß der Reynoldszahlabhängigkeit der Invariantenfunktion $A$ zu auf die modellierten Dissipationskomponenten zu demonstrieren, wurde in Abb. 7.3 das Modell (7.2) mit $A$ aus Gleichung (7.4) dargestellt. Die Übereinstimmung der modellierten Komponenten $\langle\epsilon_{11}\rangle$, $\langle\epsilon_{22}\rangle$ und $\langle\epsilon_{12}\rangle$ mit den Messungen wird deutlich verbessert.

Die Abb. 7.4 zeigen in Analogie zu den Meßdaten den Vergleich von simulierten und modellierten Dissipationskomponenten nach Moser et al. [57], wobei in den oberen vier Diagrammen $A$ aus Gleichung (7.3) und in den unteren vier Diagrammen aus Gleichung (7.4) bestimmt wurde. Die Verläufe entsprechen im wesentlichen denen der experimentellen Untersuchungen. Die Unterschiede zwischen dem Modell und den Simulationsdaten sind etwas geringer, was aufgrund der höheren Reynoldszahl erwartet wurde. Da, wie in Abb. 7.2 (rechts) dargestellt, die modellierten bzw. nach Gleichung (7.4) berechneten Profile der Invariantenfunktion $A$ lediglich in der Nähe der Nachlaufachse deutliche Unterschiede voneinander aufweisen, führt die Verwendung von Gleichung (7.4) nur zu unwesentlichen Verbesserungen.

### Achsensymmetrischer Nachlauf

Abb. 7.5 zeigt die gemessene und modellierte Verteilung der Invariantenfunktion $A$.

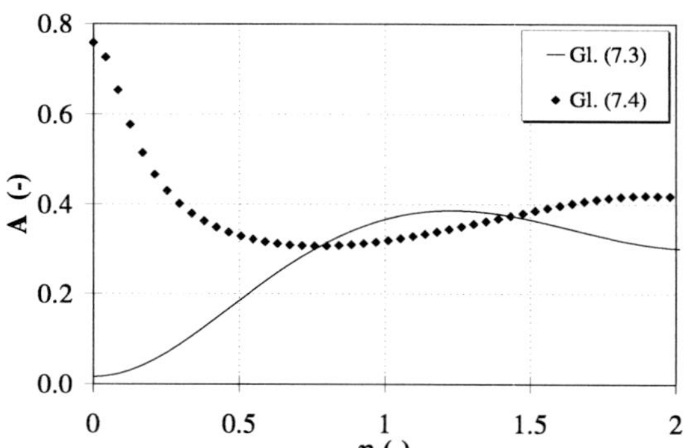


Abb. 7.5: Verteilungen der nach den Gleichungen (7.3) bzw. (7.4) bestimmten Invariantenfunktion $A$ im achsensymmetrischen Nachlauf

Der Verlauf ist ähnlich wie im ebenen Nachlauf, allerdings ist die Anisotropie der Dissipationskorrelationen geringer, weswegen sich kleinere Werte für das aus Gleichung (7.4) bestimmte $A$ ergeben. Aufgrund der hohen Werte von $A$ in der Nähe der Nachlaufachse sind in diesem Bereich Abweichungen zwischen gemessenen und modellierten Dissipationskomponenten zu erwarten. Die Verteilungen der einzelnen Dissipationskomponenten

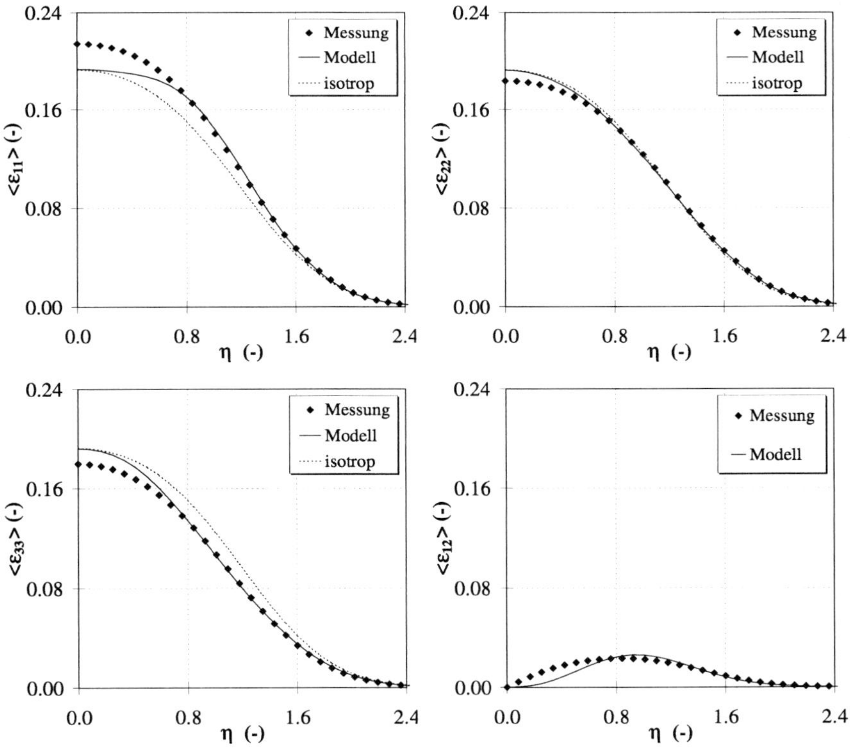


Abb. 7.6: Vergleich der im achsensymmetrischen Nachlauf gemessenen Komponenten des Dissipationstensors mit dem Modell (Gleichungen (7.2) und (7.3)) und der isotropen (Gleich-)Verteilung; oben links: $\langle\epsilon_{11}\rangle$, oben rechts: $\langle\epsilon_{22}\rangle$, unten links: $\langle\epsilon_{33}\rangle$, unten rechts: $\langle\epsilon_{12}\rangle$

sind in Abb. 7.6 zusammen mit den modellierten Werten und der isotropen Verteilung dargestellt. Tatsächlich treten die größten Abweichungen im Bereich der Symmetrieachse auf, bleiben aber deutlich kleiner als beim ebenen Nachlauf. Verwendet man zur Bestimmung von $A$ die Gleichung (7.4), so ergibt sich, wie in Abb. 7.7 dargestellt, eine ausgezeichnete Übereinstimmung zwischen gemessener und modellierter Verteilung, selbst für die Nicht-Diagonalenkomponente $\langle\epsilon_{12}\rangle$.

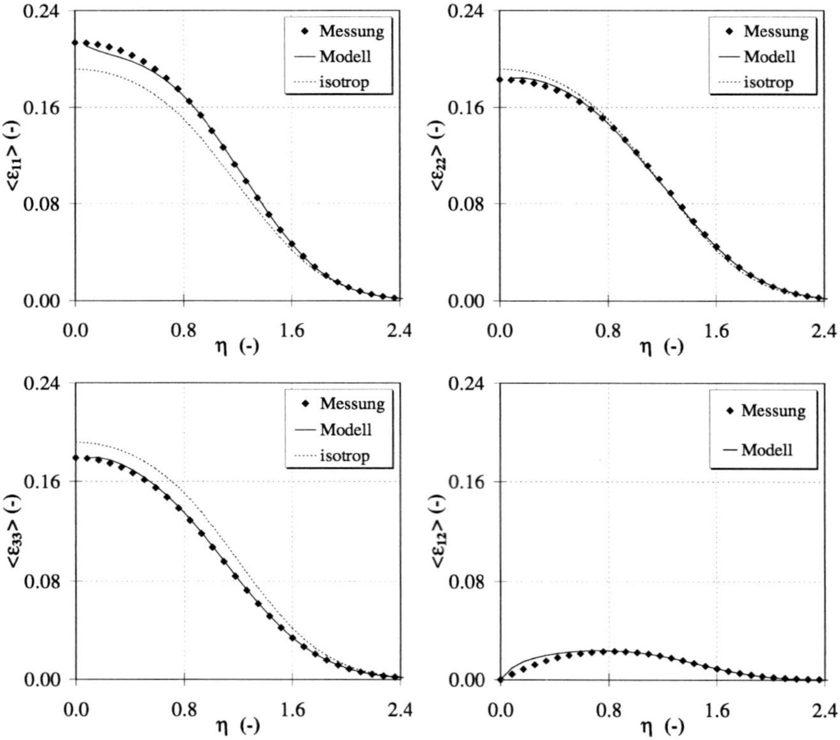


Abb. 7.7: Vergleich der im achsensymmetrischen Nachlauf gemessenen Komponenten des Dissipationstensors mit dem Modell nach den Gleichungen (7.2) und (7.4) und der isotropen (Gleich-)Verteilung; oben links: $\langle\epsilon_{11}\rangle$, oben rechts: $\langle\epsilon_{22}\rangle$, unten links: $\langle\epsilon_{33}\rangle$, unten rechts: $\langle\epsilon_{12}\rangle$

Die Meßergebnisse sind eine eindrucksvolle Demonstration der Gültigkeit des Dissipationsmodells (7.2) in quasi-achsensymmetrischer Turbulenz. Auch die Übereinstimmung des Modells mit den Meß- und DNS-Daten des ebenen Nachlaufs ist gut. Die diskutierte Reynoldszahlabhängigkeit der Invariantenfunktion $A$ hat für praktische Anwendungen kaum Bedeutung. Weitere Verbesserungen des Modells sind durch Einbeziehung von Nichtlinearitäten möglich. Dazu müßten in der Reihenentwicklung der Zweipunkt-Korrelationsfunktion (Gleichung (2.31)) Terme höherer Ordnung berücksichtigt werden. Allerdings erhält man auf diese Weise zusätzliche unbekannte skalare Funktionen, deren Modellierung schwierig ist und das Modell deutlich verkomplizieren. Für die meisten Strömungen dürfte bereits die mit dem linearen Modell erreichbare Genauigkeit ausreichend sein.

## 7.2 Produktionsterme in der Dissipationsgleichung

### Ebener Nachlauf

Die Modellierung der Produktionsterme 2 und 3 der Gleichung (2.18),

$$\left.\begin{aligned} &2\nu(\Delta_\xi \overline{u_k u_i'})_0 \frac{\partial U_i}{\partial x_k}\,, \\ &2\nu(\frac{\partial^2}{\partial \xi_k \partial \xi_l} \overline{u_i u_i'})_0 \frac{\partial U_k}{\partial x_l}\,, \end{aligned}\right\} \tag{7.5}$$

wurde in Kapitel 2.1.5 beschrieben. Gemäß Gleichung (2.34) müßten in den untersuchten Strömungen die beiden Terme gleich groß sein. Eine direkte experimentelle Überprüfung dieser Modellannahme durch Messung der beiden Produktionsterme ist nicht möglich. Mit Hilfe der Zweipunkt-Korrelationstechnik läßt sich jedoch zeigen, daß folgender Zusammenhang zwischen den Produktionstermen (7.5) und den Produktionstermen $P_\epsilon^1$ und $P_\epsilon^2$ der exakten Dissipationsgleichung (A.6) gilt:

$$P_\epsilon^1 = -2\nu \overline{\frac{\partial u_i}{\partial x_l}\frac{\partial u_k}{\partial x_l}}\frac{\partial U_i}{\partial x_k} = -\frac{\nu}{2}\Delta_x \overline{u_i u_k}\frac{\partial U_i}{\partial x_k} + \nu\left[(\Delta_\xi \overline{u_k u_i'})_0 \frac{\partial U_i}{\partial x_k} + (\Delta_\xi \overline{u_i u_k'})_0 \frac{\partial U_i}{\partial x_k}\right] \tag{7.6}$$

bzw.

$$P_\epsilon^2 = -2\nu \overline{\frac{\partial u_i}{\partial x_k}\frac{\partial u_i}{\partial x_l}}\frac{\partial U_k}{\partial x_l} = -\frac{\nu}{2}\frac{\partial^2 q^2}{\partial x_k \partial x_l}\frac{\partial U_k}{\partial x_l} + 2\nu(\frac{\partial^2}{\partial \xi_k \partial \xi_l}\overline{u_i u_i'})_0 \frac{\partial U_k}{\partial x_l}\,. \tag{7.7}$$

Da für die Geschwindigkeitskorrelationen zweiter Ordnung lokale Homogenität gilt, entsprechen die beiden Produktionsterme (7.5) gerade dem homogenen Anteil der Produktionsterme $P_\epsilon^1$ bzw. $P_\epsilon^2$. Der inhomogene Anteil von $P_\epsilon^1$ und $P_\epsilon^2$ ist in beiden untersuchten Strömungen vernachlässigbar, so daß aus den Gleichungen (7.5), (7.6) und (7.7) folgt:

$$P_\epsilon^1 = 2\nu(\Delta_\xi \overline{u_k u_i'})_0 \frac{\partial U_i}{\partial x_k} \tag{7.8}$$

bzw.

$$P_\epsilon^2 = 2\nu(\frac{\partial^2}{\partial\xi_k\partial\xi_l}\overline{u_i u_i'})_0 \frac{\partial U_k}{\partial x_l}\,. \tag{7.9}$$

Durch Messung der Produktionsterme $P_\epsilon^1$ und $P_\epsilon^2$ kann demnach unmittelbar auf die Modellierung der Produktionsterme 2 und 3 der Gleichung (2.18) geschlossen werden. $P_\epsilon^1$ und $P_\epsilon^2$ lauten in ausgeschriebener Form für den ebenen Nachlauf:

$$\begin{aligned} P_\epsilon^1 = -2\nu \Bigg\{ & \left[\overline{\left(\frac{\partial u_1}{\partial x_1}\right)^2} + \overline{\left(\frac{\partial u_1}{\partial x_2}\right)^2} + \overline{\left(\frac{\partial u_1}{\partial x_3}\right)^2}\right]\frac{\partial U_1}{\partial x_1} + \\ & \left[\overline{\left(\frac{\partial u_2}{\partial x_1}\right)^2} + \overline{\left(\frac{\partial u_2}{\partial x_2}\right)^2} + \overline{\left(\frac{\partial u_2}{\partial x_3}\right)^2}\right]\frac{\partial U_2}{\partial x_2} + \\ & \left[\overline{\frac{\partial u_1}{\partial x_1}\frac{\partial u_2}{\partial x_1}} + \overline{\frac{\partial u_1}{\partial x_2}\frac{\partial u_2}{\partial x_2}} + \overline{\frac{\partial u_1}{\partial x_3}\frac{\partial u_2}{\partial x_3}}\right]\frac{\partial U_1}{\partial x_2}\Bigg\}\,, \end{aligned} \tag{7.10}$$

$$\begin{aligned} P_\epsilon^2 = -2\nu \Bigg\{ & \left[\overline{\left(\frac{\partial u_1}{\partial x_1}\right)^2} + \overline{\left(\frac{\partial u_2}{\partial x_1}\right)^2} + \overline{\left(\frac{\partial u_3}{\partial x_1}\right)^2}\right]\frac{\partial U_1}{\partial x_1} + \\ & \left[\overline{\left(\frac{\partial u_1}{\partial x_2}\right)^2} + \overline{\left(\frac{\partial u_2}{\partial x_2}\right)^2} + \overline{\left(\frac{\partial u_3}{\partial x_2}\right)^2}\right]\frac{\partial U_2}{\partial x_2} + \\ & \left[\overline{\frac{\partial u_1}{\partial x_1}\frac{\partial u_1}{\partial x_2}} + \overline{\frac{\partial u_2}{\partial x_1}\frac{\partial u_2}{\partial x_2}} + \overline{\frac{\partial u_3}{\partial x_1}\frac{\partial u_3}{\partial x_2}}\right]\frac{\partial U_1}{\partial x_2}\Bigg\}\,. \end{aligned} \tag{7.11}$$

Um eine Vorstellung von der Größenordnung der mit $\partial U_1/\partial x_2$ multiplizierten Terme auf der rechten Seite von (7.10) und (7.11) zu bekommen, sind in Abb. 7.8 die im ebenen Nachlauf gemessenen Rohdaten der entsprechenden Ableitungen dargestellt. Als Vergleich ist der Dissipationsterm $u_{1221} = \overline{(\partial u_1/\partial x_2)\,(\partial u_2/\partial x_1)}$ eingezeichnet. In der Arbeit von Browne et al. [11] wurde auf den Versuch hingewiesen, diesen Term zu messen. Die erreichte Meßgenauigkeit war gering und ließ selbst Aussagen über das Vorzeichen des Terms nicht zu. Die Autoren vermuteten Phasendifferenzen zwischen den Gradienten $\partial u_1/\partial x_2$ und $\partial u_2/\partial x_1$ als mögliche Ursache. Auch in der Arbeit von Ye [95] konnten weder $u_{1221}$ bzw. $u_{1331}$ noch $P_\epsilon^1$, $P_\epsilon^2$ oder $\epsilon_{12}$ gemessen werden. In der Tat sind die gemischten Ableitungen der Geschwindigkeitsfluktuationen sehr empfindlich gegenüber kleinen Meßfehlern. Die besten Ergebnisse konnten bei Verwendung identischer Anemometer und zugehöriger Signal-Konditionierungseinheiten[19] erreicht werden, wobei darauf geachtet wurde, daß alle vier Kanäle die gleichen Oszillogramme beim Frequenzabgleich aufwiesen.

[19] realisiert durch ein vierkanaliges Dantec StreamLine-Anemometer

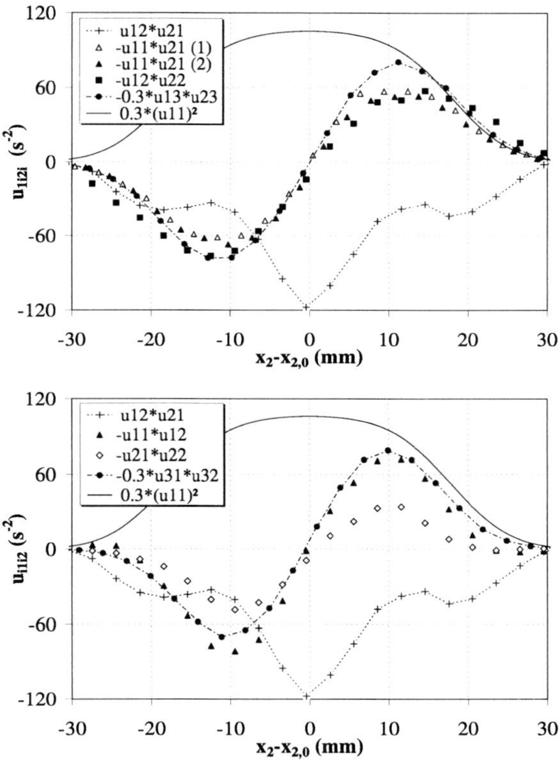


Abb. 7.8: Verteilungen der Terme $u_{1i2i}$ und $u_{i1i2}$ mit $i = 1, 2, 3$ in (7.10) und (7.11) sowie Vergleich mit den Ableitungen $u_{1221}$ bzw. $u_{11}^2$; oben: $u_{1i2i}$, unten: $u_{i1i2}$

Darüber hinaus war eine sorgfältige Kalibrierung der X-Drahtsonden notwendig, so daß die gemessenen Einpunkt-Statistiken beider Sonden nahezu identisch waren. Die Hauptursache der Schwierigkeiten bei der Messung der gemischten Ableitungen besteht darin, daß diese Terme sehr klein sind. Vier der sechs Korrelationen, die zu den Produktionstermen $P_\epsilon^1$ und $P_\epsilon^2$ beitragen, sind noch kleiner als $u_{1221}$ und betragen nur etwa 20% der Ableitung $u_{11}^2$, die ebenfalls in Abb. 7.8 eingezeichnet ist. Die Symmetrie der gemessenen Verteilungen ist gut, die Übereinstimmung der mit den beiden X-Drahtsonden der Konfiguration (a) gemessenen Ableitung $u_{1221}$ (in Abb. 7.8 mit „(1)" und „(2)" bezeichnet) ebenso. Interessant ist die sehr ungleiche Größenverteilung der einzelnen Geschwindigkeitsableitungen. Die größten Anteile entfallen auf die Ableitungen $u_{1323}$ bzw. $u_{3132}$. Trotz der gegenüber $u_{1i2i}$ bzw. $u_{i1i2}$ deutlich größeren Ableitungen $u_{1i}^2$, $u_{2i}^2$ bzw. $u_{i1}^2$, $u_{i2}^2$ sind die mit $\partial U_1/\partial x_1$ und $\partial U_2/\partial x_2$ multiplizierten Terme in (7.10) und (7.11) vernachlässigbar, da der Gradient der mittleren Geschwindigkeit $\partial U_1/\partial x_1$ gegenüber $\partial U_1/\partial x_2$ um drei Größenordnungen kleiner ist[20]. Zudem treten die Terme wegen der Kontinuitätsgleichung mit unterschiedlichem Vorzeichen auf, so daß sie sich teilweise gegenseitig kompensieren. Für den Produktionsterm $P_\epsilon^1$ gilt damit in beiden Nachlaufströmungen:

$$P_\epsilon^1 \approx \epsilon_{12} \frac{\partial U_1}{\partial x_2} \tag{7.12}$$

Abb. 7.9 zeigt einen direkten Vergleich der beiden Produktionsterme $P_\epsilon^1$ und $P_\epsilon^2$. Im inneren Bereich des Nachlaufs ist die Näherung $P_\epsilon^1 \approx P_\epsilon^2$ sehr gut erfüllt, im Außenbereich treten zunehmend Abweichungen auf. Insgesamt sind die Meßdaten jedoch ein Indiz für die Gültigkeit der Gleichung (2.34). Die Verifizierung des Modellansatzes für den Produktionsterm 3 in Gleichung (2.18) ist besonders wichtig, da dieser Term einer analytischen Behandlung nur schwer zugänglich ist und daher verstärkt auf numerische und experimentelle Daten zurückgegriffen werden muß.

Interessant ist an dieser Stelle, daß das Vorhandensein der beiden Produktionsterme ein Beweis dafür ist, daß die Feinstruktur des ebenen Nachlaufs an keiner Stelle (ausgenommen die Position der Nachlaufachse) lokale Achsensymmetrie aufweist. Für achsensymmetrische Turbulenz gilt, George & Hussein [26]:

$$\begin{aligned}
\overline{\frac{\partial u_i}{\partial x_m}\frac{\partial u_j}{\partial x_u}} &= (-2\alpha_{02} + 2\alpha_{22} - 2\beta_{02})(\delta_{in}\delta_{jm} + \delta_{im}\delta_{jn}) + \\
&\quad [(8\alpha_{02} - 4\alpha_{22} + 6\beta_{02})\delta_{mn} - (-4\beta_{02} - 2\beta_{22} - 16\alpha_{22})\delta_{1m}\delta_{1n}]\delta_{ij} + \\
&\quad [(-6\beta_{02} + 4\alpha_{22})\delta_{mn} - 2\beta_{22}\delta_{1m}\delta_{1n}]\lambda_i\lambda_j - \\
&\quad (4\alpha_{22} - 2\beta_{02})[\lambda_i(\delta_{1m}\delta_{jn} + \delta_{jm}\delta_{1n}) + \lambda_j(\delta_{1m}\delta_{in} + \delta_{im}\delta_{1n})]\,.
\end{aligned} \tag{7.13}$$

Entspricht die Symmetrieachse gerade der Strömungsrichtung ($x_1$-Achse), so folgt aus Gleichung (7.13), daß alle mit $\partial U_1/\partial x_2$ multiplizierten Terme in (7.10) und (7.11) gleich Null sind. Als Folge der lokalen Achsensymmetrie entfällt - wie im Fall der lokalen Isotropie - die gesamte Produktion in der Dissipationsgleichung. In Kapitel 2.1.2 wurde bereits darauf hingewiesen, daß dieser Zustand für Scherströmungen unrealistisch ist, woraus zu schließen ist, daß - ähnlich wie lokale Isotropie - auch lokale Achsensymmetrie in turbulenten Nachlaufströmungen nicht vorliegen kann. Ähnliche Überlegungen kann man

[20] Ausgenommen ist die unmittelbare Nähe der Nachlaufachse, da dort $\partial U_1/\partial x_2$ sowie die Ableitungen $u_{1i2i}$ und $u_{i1i2}$ exakt Null sind. Gegenüber den anderen Termen der Dissipationsgleichung bleibt der Produktionsterm in diesem Bereich dennoch sehr klein, so daß der Einfluß der mit $\partial U_1/\partial x_1$ und $\partial U_2/\partial x_2$ multiplizierten Terme in (7.10) und (7.11) im gesamten Nachlauf vernachlässigt werden kann.

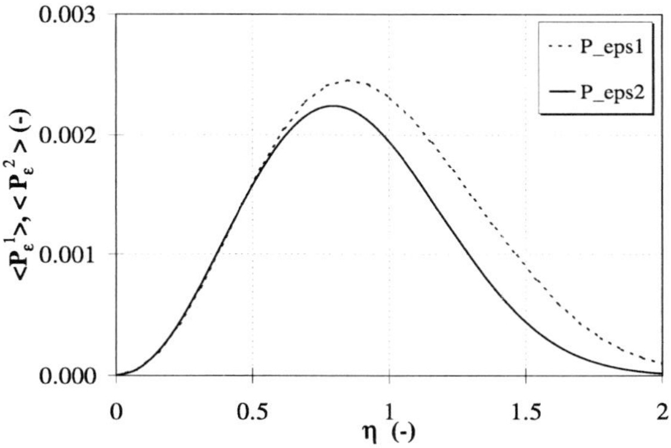


Abb. 7.9: Vergleich der im ebenen Nachlauf gemessenen Produktionsterme $P_\epsilon^1$ und $P_\epsilon^2$ der Dissipationsgleichung

auch für weitere freie Scherströmungen, wie Freistrahlen und Trennungsschichten, sowie für Parallelströmungen anstellen und gelangt zu den gleichen Schlüssen. Damit bestätigt sich die bereits in Kapitel 6.4 erwähnte Beobachtung, daß lokale Achsensymmetrie keinen größeren Gültigkeitsbereich als lokale Isotropie aufweist und widerlegt die von George & Hussein [26] vermutete generelle Gültigkeit der lokalen Achsensymmetrie. Allerdings wird sich die Turbulenzstruktur unter entsprechenden Bedingungen diesem Zustand annähern, darauf deuten die Meßdaten der beiden untersuchten Nachlaufströmungen hin.

### Achsensymmetrischer Nachlauf

Abb. 7.10 zeigt die Verteilungen der Ableitungen $u_{1i2i}$ und $u_{i1i2}$ im achsensymmetrischen Nachlauf. Als Vergleich sind wiederum $u_{1221}$ und $u_{11}^2$ eingezeichnet.

Alle Terme sind nochmals deutlich kleiner als im ebenen Nachlauf, was sich auch auf die erreichte Meßgenauigkeit auswirkt. Dennoch weisen die Messungen auf erhebliche Unterschiede zum ebenen Nachlauf hin. Der Term $u_{1323}$ ist im Verhältnis zu $u_{1121}$ und $u_{1222}$ deutlich kleiner. Bemerkenswert ist, daß alle drei Ableitungen, die zum Produktionsterm $P_\epsilon^2$ beitragen, unterhalb der Meßgenauigkeit liegen, was darauf hindeuten würde, daß im gesamten Nachlauf $P_\epsilon^2 \approx 0$ gilt. Dieses Ergebnis ist überraschend. Für homogene isotrope Turbulenz, die einer achsensymmetrischen Deformation ausgesetzt wird, läßt sich analytisch zeigen, daß beide Produktionsterme gleich groß sein müssen (vgl. auch Jovanović et al. [41]). Da die Turbulenzstruktur des Kugelnachlaufs geringere Abweichungen von der

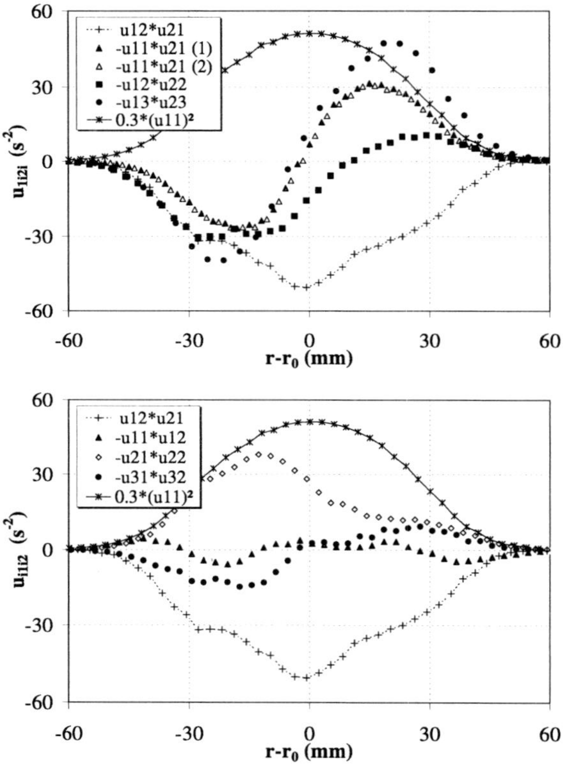


Abb. 7.10: Verteilungen der Terme $u_{1i2i}$ und $u_{i1i2}$ mit $i = 1, 2, 3$ in (7.10) und (7.11) sowie Vergleich mit den Ableitungen $u_{1221}$ bzw. $u_{11}^2$; oben: $u_{1i2i}$, unten: $u_{i1i2}$

Achsensymmetrie als die des ebenen Nachlaufs aufweist, wäre somit sogar eine bessere Übereinstimmung der Produktionsterme als im ebenen Fall zu erwarten.

Auf der anderen Seite muß berücksichtigt werden, daß die Produktionsterme der Nachlaufströmungen durch Korrelationen gebildet werden, die in achsensymmetrischer Turbulenz verschwinden.[21] Es ist nicht ausgeschlossen, daß ein Teil der Korrelationen, die zu $P_\epsilon^1$ und $P_\epsilon^2$ beitragen, schneller lokale Achsensymmetrie erreicht und somit gleich Null wird.

[21] Das betrifft die mit $\partial U_1/\partial x_2$ multiplizierte Terme in den Gleichungen (7.10) und (7.11).

Dem widerspricht allerdings, daß auch in einer turbulenten Kanalströmung die Annahme $P_\epsilon^1 \approx P_\epsilon^2$ mit guter Näherung gilt. Ein unterschiedliches Verhalten von $P_\epsilon^1$ und $P_\epsilon^2$ ist danach nur für den Grenzwert $P_\epsilon^1, P_\epsilon^2 \to 0$ möglich.

Die Abweichungen der beiden Produktionsterme $P_\epsilon^1$ und $P_\epsilon^2$ im Kugelnachlauf lassen sich ohne zusätzliche Informationen nicht abschließend erklären. Für das Gleichgewicht der turbulenten Dissipationsrate spielt dieses Problem nur eine untergeordente Rolle, da die Produktionsterme im achsensymmetrischen Nachlauf sehr klein sind. Das gilt allerdings nicht für alle achsensymmetrischen Scherströmungen. Sehr hilfreich wären in diesem Zusammenhang Daten des achsensymmetrischen Freistrahls, da dort die Produktionsterme $P_\epsilon^1$ und $P_\epsilon^2$ nicht vernachlässigt werden können.

## 7.3 Das Gleichgewicht der turbulenten Dissipationsrate

Außer den beiden Produktionstermen können lediglich der Konvektionsterm und die viskose Diffusion in Gleichung 2.18 gemessen werden. Auch mit Hilfe der Zweipunkt-Korrelationstechnik sind die Terme 4, 5 und 6 mit der verwendeten Meßtechnik nicht meßbar. Prinzipiell ist eine Messung durch Einsatz von drei Dreidrahtsonden möglich. Dennoch kann eine Verifikation des Modells (2.36) durch Berechnung der Gesamtbilanz der modellierten Dissipationsgleichung erfolgen.

### Ebener Nachlauf

Die modellierte Dissipationsgleichung für den ebenen Nachlauf lautet:

$$\underbrace{U_1 \frac{\partial \epsilon}{\partial x_1}}_{Konvektion} = \underbrace{-2A \frac{\epsilon}{k} \overline{u_1 u_2} \frac{\partial U_1}{\partial x_2}}_{Produktion} \underbrace{- \psi \frac{\epsilon^2}{k}}_{Senke} \underbrace{- \frac{7\sqrt{3}}{180} \frac{\partial}{\partial x_2} \Big( J f_\epsilon \frac{\epsilon}{k} \overline{u_2 q^2} \Big)}_{Turbulenter\ Transport} . \tag{7.14}$$

Der viskose Term ist wie bereits in der Bilanz der turbulenten kinetischen Energie klein und wurde gegenüber den anderen Termen vernachlässigt. Die Bestimmung des Konvektionsterms erfolgte analog zur Bestimmung des Konvektionsterms der k-Gleichung, vgl. Kapitel 5.7. Abb. 7.11 (links) zeigt das Gleichgewicht der turbulenten Dissipationsrate im ebenen Nachlauf nach Gleichung (7.14).

Auf der Nachlaufachse verschwindet wegen $\partial U_1/\partial x_2$=0 der Produktionsterm, so daß der Senkenterm durch den Konvektionsterm und den turbulenten Transport ausgeglichen wird. Der Transportterm spielt auch für das Gleichgewicht der turbulenten Dissipationsrate eine wichtige Rolle. Nur durch Berücksichtigung des turbulenten Transportes läßt sich auf der Nachlaufachse eine ausgeglichene Bilanz erreichen. Das ist ein weiteres Indiz dafür, daß die Zweipunkt-Geschwindigkeitskorrelationen dritter Ordnung (Term 5 in Gleichung (2.18)) keine lokale Homogenität aufweisen und der turbulente Transportterm in der Dissipationsgleichung beibehalten werden muß. Auch die Modellierung des

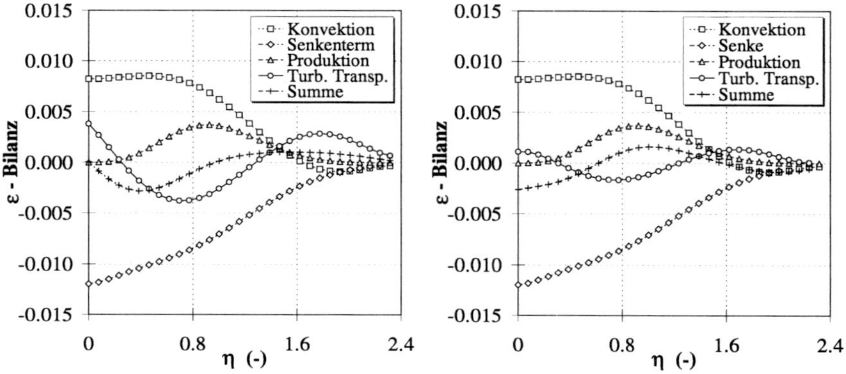


Abb. 7.11: Gleichgewicht der modellierten Dissipationsgleichung im ebenen Nachlauf unter Verwendung zwei verschiedener Modelle (Jovanović et al. [41] und Hanjalić & Launder [32]) für den turbulenten Transporterm; links: $-\frac{7\sqrt{3}}{180}\frac{\partial}{\partial x_2}(J f_\epsilon \frac{\epsilon}{k}\, \overline{u_2\, q^2})$, rechts: $\frac{\partial}{\partial x_2}(C_\epsilon \frac{k}{\epsilon} \overline{u_2^2} \frac{\partial \epsilon}{\partial x_2})$

turbulenten Transportes mit Hilfe des von Hanjalić & Launder [32] vorgeschlagenen Gradientendiffusionsansatzes,

$$\frac{\nu}{2}\frac{\partial}{\partial x_k}[(\Delta_\xi \overline{u_s u_k u_s'})_0 + (\Delta_\xi \overline{u_s u_s' u_k'})_0] \simeq \frac{\partial}{\partial x_k}(C_\epsilon \frac{k}{\epsilon} \overline{u_k u_l} \frac{\partial \epsilon}{\partial x_l}) \quad C_\epsilon \simeq 0.18\,, \tag{7.15}$$

führt zu einem deutlichen Defizit der $\epsilon$-Bilanz auf der Nachlaufachse. Im Gegensatz zur turbulenten Diffusion in der Gleichung der turbulenten kinetischen Energie kann der Transportterm der $\epsilon$-Gleichung nicht zur Überprüfung der Meßdaten herangezogen werden, da er aus der modellierten Form berechnet wurde und somit die integrale Bedingung (5.39a) automatisch erfüllt.

Außerhalb des Mittenbereichs weist die Bilanz ein deutliches Defizit auf, das nicht allein durch Meßunsicherheiten bei der Bestimmung der einzelnen Terme erklärt werden kann. Als mögliche Ursache kommt wiederum die Reynoldszahlabhängigkeit der Invariantenfunktion $A$ in Betracht, die im modellierten Produktionsterm auftritt. Um den Einfluß von $A$ auf die Gesamtbilanz abzuschätzen, wurde der Produktionsterm für den Grenzwert $A \to 1$ für $Re_\lambda \to 0$ berechnet und in Abb. 7.12 (links) dargestellt. Der Produktionsterm wird durch diese Änderung stark vergrößert, und das Defizit wechselt im inneren Bereich des Nachlaufs das Vorzeichen. In Abb. 7.12 (rechts) ist die mit $A = \sqrt{II_e/II}$ (Gleichung (7.4)) berechnete Bilanz dargestellt, die das Defizit im inneren Bereich des Nachlaufs

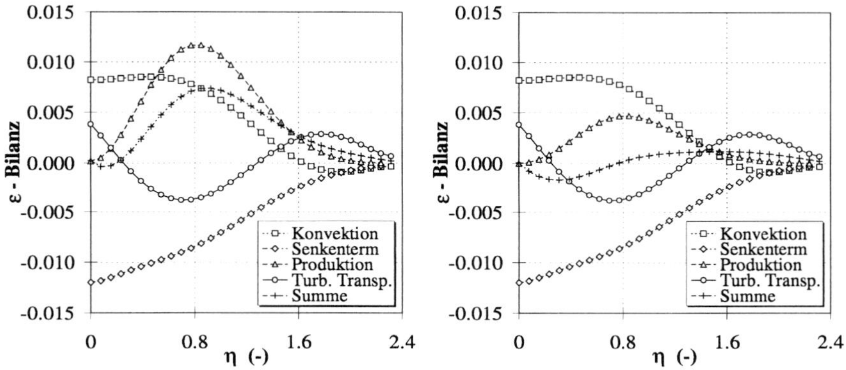


Abb. 7.12: Gleichgewicht der modellierten Dissipationsgleichung im ebenen Nachlauf; links: $A = 1$, rechts: $A = \sqrt{II_\epsilon/II}$

gegenüber Abb. 7.11 merklich verringert. Im Außenbereich sind die nach Gleichung (7.4) berechneten Werte für $A$ aufgrund der zunehmenden Meßunsicherheiten zu hoch und vergrößern das Defizit in der Bilanz.

### Achsensymmetrischer Nachlauf

Die modellierte Dissipationsgleichung für den achsensymmetrischen Nachlauf lautet:

$$U_1 \frac{\partial \epsilon}{\partial x_1} = -2A\frac{\epsilon}{k}\overline{u_1 u_2}\frac{\partial U_1}{\partial r} - \psi\frac{\epsilon^2}{k} - \frac{7\sqrt{3}}{180}\frac{1}{r}\frac{\partial}{\partial r} r J f_\epsilon \frac{\epsilon}{k}\,\overline{u_2\, q^2} \tag{7.16}$$

Die Verteilungen der einzelnen Terme in Gleichung (7.16) sind in Abb. 7.13 dargestellt. Wie bereits die Gleichung der turbulenten kinetischen Energie weist auch die modellierte Dissipationsgleichung zunächst ein erhebliches Defizit auf. Interessant ist allerdings die modellierte Form des turbulenten Transportterms. Noch deutlicher als beim ebenen Nachlauf sind hier die Unterschiede zwischen Gleichung (2.35) und dem Gradientendiffusionsansatz von Hanjalić & Launder [32], Gleichung (7.15). Der nach Gleichung (2.35) berechnete turbulente Transport spielt wie bereits in der Transportgleichung der turbulenten kinetischen Energie eine dominante Rolle. Hingegen ist der nach Gleichung (7.15) berechnete Transportterm sehr klein. Es ist unwahrscheinlich, daß der (direkt gemessene) turbulente Transport in der $k$-Gleichung den größten Term bildet, während er in der Dissipationsgleichung nahezu vernachlässigbar ist. Die nachfolgende Diskussion unterstreicht

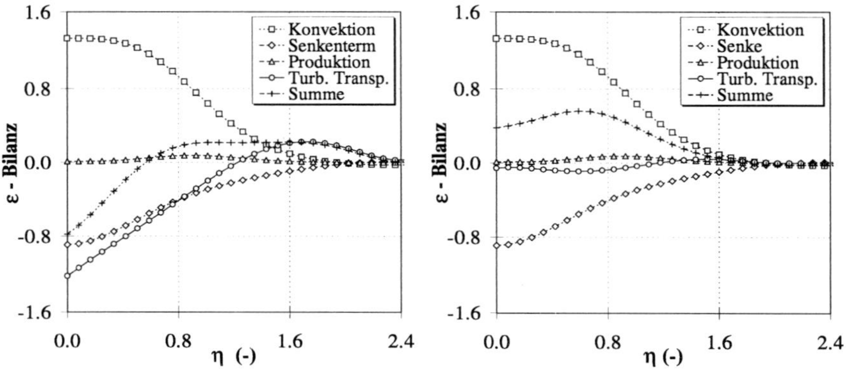


Abb. 7.13: Gleichgewicht der modellierten Dissipationsgleichung im achsensymmetrischen Nachlauf unter Verwendung zwei verschiedener Modelle (Jovanović et al. [41] und Hanjalić & Launder [32]) für den turbulenten Transporterm; links: $-\frac{7\sqrt{3}}{180}\frac{1}{r}\frac{\partial}{\partial r}r(Jf_\epsilon\frac{\epsilon}{k}\overline{u_2\,q^2})$, rechts: $\frac{1}{r}\frac{\partial}{\partial r}r(C_\epsilon\frac{k}{\epsilon}\overline{u_2^2}\frac{\partial\epsilon}{\partial r})$

diese Aussage zusätzlich.

Die in Abb. 6.17 dargestellte Bilanz der turbulenten kinetischen Energie deutet darauf hin, daß die Druck-Diffusion berücksichtigt werden muß. Um den Einfluß der Druck-Diffusion auf die Bilanz der Dissipationsgleichung abzuschätzen, wird nachfolgend der turbulente Transportterm modifiziert.

Der Druck-Diffusionsterm $\Pi_\epsilon$ der $\epsilon$-Gleichung (vgl. Gleichung (A.6)) läßt sich mit Hilfe der Kontinuitätsgleichung umformen:

$$\Pi_\epsilon = -\frac{2\nu}{\rho}\overline{\frac{\partial u_i}{\partial x_l}\frac{\partial^2 p}{\partial x_i \partial x_l}} = -\frac{2\nu}{\rho}\frac{\partial}{\partial x_i}\overline{\frac{\partial u_i}{\partial x_l}\frac{\partial p}{\partial x_l}} \,. \tag{7.17}$$

Durch eine Abschätzung der Größenordnung erhält man (vgl. Tennekes & Lumley [81]):

$$\overline{\frac{\partial u_i}{\partial x_l}\frac{\partial p}{\partial x_l}} = \mathcal{O}\left(\frac{q\,p}{\lambda^2}\right) \,. \tag{7.18}$$

Mit Hilfe der Beziehung $\epsilon = 5\nu q^2/\lambda^2$ ergibt sich damit für den Druck-Diffusionsterm $\Pi_\epsilon$:

$$\Pi_\epsilon \propto \frac{1}{\rho}\frac{\partial}{\partial x_i}\frac{\epsilon}{q^2}\overline{u_i p} \,. \tag{7.19}$$

In analoger Weise wurde von Jovanović et al. [41] ein Ansatz für den turbulenten Transport abgeleitet. Die Proportionalitätskonstante bestimmten die Autoren anhand der Bilanz der turbulenten kinetischen Energie auf der Kanalachse einer turbulenten Kanalströmung unter Vernachlässigung der Druck-Diffusion. Ohne deren Vernachlässigung treten jedoch zwei Proportionalitätskonstanten auf, die nicht aus einer einzigen Gleichung bestimmt werden können. In Ermangelung weiterer Informationen wird nachfolgend davon ausgegangen, daß eine Analogie der turbulenten Transportterme der $k$- und der $\epsilon$-Gleichung vorliegt. Mit dieser Annahme erhält man für die Transportterme der Dissipationsgleichung:

$$T_\epsilon + \Pi_\epsilon = -\frac{7\sqrt{3}}{90}\frac{\partial}{\partial x_i} f_\epsilon J \frac{\epsilon_h}{k}\left(\frac{\overline{q^2 u_i}}{2} + \frac{\overline{p u_i}}{\rho}\right) . \tag{7.20}$$

Die Übertragung des Modells auf den achsensymmetrischen Nachlauf ergibt:

$$T_\epsilon + \Pi_\epsilon = -\frac{7\sqrt{3}}{90}\frac{1}{r}\frac{\partial}{\partial r} r\, f_\epsilon J \frac{\epsilon_h}{k}\left(\frac{\overline{q^2 u_2}}{2} + \frac{\overline{p u_2}}{\rho}\right) . \tag{7.21}$$

Unter Hinzunahme der Druck-Diffusion aus Abb. 6.17 kann mit Hilfe von Gleichung (7.21) der Druck-Transport der $\epsilon$-Gleichung bestimmt werden. Abb. 7.14 zeigt die einzelnen Terme der Dissipationsgleichung unter Berücksichtigung des Druck-Transports. Aufgrund

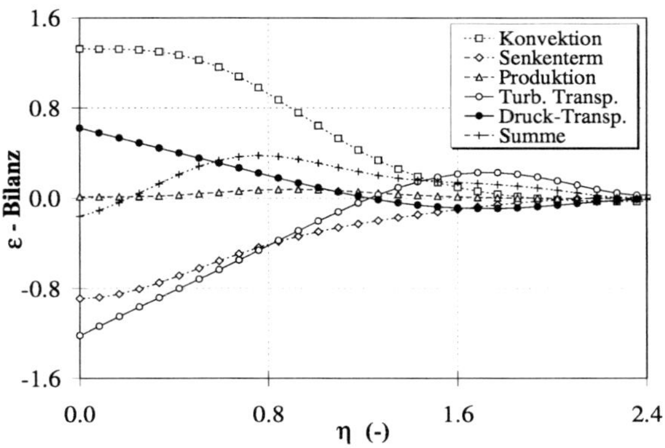


Abb. 7.14: Gleichgewicht der modellierten Dissipationsgleichung im achsensymmetrischen Nachlauf unter Berücksichtigung des Druck-Transports.

der in Kapitel 6.6 erwähnten Schwierigkeiten bei der Berechnung des Konvektionsterms wurde der Konvektionsterm direkt durch Ableitung der bei $x_1/D = 67.5$ und $x_1/D = 82.5$ gemessenen Profile von $\epsilon^{iso}$ bestimmt. Aufgrund der guten Übereinstimmung der isotropen Form der Dissipationsrate mit der gesamten Dissipationsrate (vgl. Abb. 6.11) ist diese Vorgehensweise für den Kugelnachlauf zulässig.

Die Verbesserung gegenüber Abb. 7.13 ist deutlich zu erkennen, insbesondere im inneren Bereich des Nachlaufs. Für die verbleibenden Abweichungen kommen verschiedene Ursachen in Frage. In jedem Falle bestehen Unsicherheiten bei der Bestimmung des Konvektionsterms. Die angenommene Analogie zwischen dem turbulenten Transport der $k$- und der $\epsilon$-Gleichung ist sicherlich als Näherung anzusehen. Schließlich sind auch Meßfehler bei der Bestimmung der einzelnen Terme der Dissipationsgleichung zu berücksichtigen, die 20-30% betragen können.

Trotz des verbleibenden Defizits zeigt die Bilanz der modellierten Dissipationsgleichung, daß der Druck-Transport im achsensymmetrischen Nachlauf berücksichtigt werden muß. Das wiederum bedeutet, daß wegen

$$\begin{aligned}\Pi_\epsilon &= -\frac{2\nu}{\rho}\overline{\frac{\partial u_i}{\partial x_l}\frac{\partial^2 p}{\partial x_i \partial x_l}} = -\frac{\nu}{2\rho}\frac{\partial}{\partial x_i}\Delta_x\overline{u_i p} + \frac{\nu}{2\rho}\frac{\partial}{\partial x_i}[(\Delta_\xi\overline{u_i p'})_0 + (\Delta_\xi\overline{p u_i'})_0] \\ &+ \frac{\nu}{\rho}\left[\left(\frac{\partial}{\partial \xi_i}\Delta_\xi\overline{u_i p'}\right)_0 - \left(\frac{\partial}{\partial \xi_i}\Delta_\xi\overline{p u_i'}\right)_0\right], \qquad (7.22)\end{aligned}$$

im achsensymmetrischen Nachlauf keine lokale Homogenität für die Zweipunkt-Druck-Geschwindigkeitskorrelationen ($\overline{u_i p'}$, $\overline{p u_i'}$) vorliegen kann, da der erste Term in Gleichung (7.22) sehr klein ist. Aus der Sicht des Modellierers ist das eine ungünstige Feststellung. Bei Vorliegen lokaler Homogenität sind die entsprechenden Terme in der Gleichung (2.16) gleich Null und brauchen nicht einbezogen werden. Obwohl die Modellierung der Zweipunkt-Druck-Geschwindigkeitskorrelationen prinzipiell möglich ist, wie von Chou [14] gezeigt, ist sie mit einem erheblichen Mehraufwand verbunden und führt zu einer deutlichen Verkomplizierung des Dissipationsmodells. Vor diesem Hintergrund kommt der Frage nach dem Unterschied zwischen dem ebenen und dem achsensymmetrischen Fall bzw., allgemeiner ausgedrückt, nach einem generellen Kriterium für die Gültigkeit der Annahme lokaler Homogenität für die Transportterme in Gleichung (2.16) Bedeutung zu.

# 8 Zusammenfassung und Ausblick

In der vorliegenden Arbeit wurde ein Modell für die turbulente Dissipationsrate durch Untersuchung zweier Nachlaufströmungen experimentell verifiziert. Erstmalig konnten in turbulenten Strömungen alle Komponenten des Dissipationstensors sowie die Produktionsterme $P_\epsilon^1$ und $P_\epsilon^2$ der Dissipationsgleichung gemessen und entsprechende Modellansätze direkt überprüft werden. Darüber hinaus umfassen die Messungen das mittlere Geschwindigkeitsfeld, alle Reynoldsschen Spannungen, alle Dreifach-Geschwindigkeitskorrelationen, die zum Gleichgewicht der turbulenten kinetischen Energie beitragen sowie alle Terme der modellierten Dissipationsgleichung. Da die kompletten Zeitreihen aufgenommen wurden, können zudem viele weitere Statistiken aus den Daten berechnet werden.

Die Experimente erfolgten in niedrig-turbulenten Windkanalströmungen im selbstähnlichen Nachlaufbereich. Die Auswahl der Strömungsbedingungen erfolgte unter besonderer Berücksichtigung des räumlichen Auflösungsvermögens der eingesetzten Hitzdrahtsonden. Den Kern der Experimente bildete die Bestimmung räumlicher Gradienten der turbulenten Geschwindigkeitsfluktuationen. Deren Messung erfolgte durch Einsatz zweier X-Drahtsonden. Die aufgrund endlicher Sondenabmessungen resultierenden Meßfehler wurden analysiert und, basierend auf der Theorie von Wyngaard [93, 94], Korrekturen abgeleitet. Anhand von Testmessungen mit Normaldrahtsonden konnte die Anwendbarkeit der Korrekturen sichergestellt werden. Die Meßergebnisse wurden verschiedenen Verträglichkeitsprüfungen unterzogen und mit Daten aus der Literatur verglichen. Die Messungen unterstützen das Modell von Jovanović et al. [41] in den wesentlichen Punkten. Eine wichtige Ausnahme bilden allerdings die Zweipunkt-Druck-Geschwindigkeitskorrelationen. Es konnte gezeigt werden, daß für diese Korrelationen die Annahme lokaler Homogenität nicht gültig ist und die Terme daher in der Transportgleichung (2.16) beibehalten werden müssen. Nachfolgend sind die wichtigsten Ergebnisse der experimentellen Untersuchungen noch einmal aufgeführt.

Selbstähnlichkeit des gesamten Turbulenzfelds wird im ebenen Nachlauf nach 400 Zylinderdurchmessern, im achsensymmetrischen Nachlauf nach 60 Kugeldurchmessern erreicht. Diese Werte decken sich mit Angaben aus der Literatur. Die Profile der Reynoldsschen Spannungen weisen insgesamt eine gute Übereinstimmung mit vergleichbaren Daten aus der Literatur auf. Das unterstreicht, daß sich unter normalen Laborbedingungen für gleiche Geometrien auch gleiche Verteilungen im selbstähnlichen Nachlauf einstellen, trotz der von Wygnanski et al. [92] experimentell nachgewiesenen starken Abhängigkeit der Statistiken des fernen Nachlaufs von den Anfangsbedingungen. Ansätze für eine quantitative Beschreibung dieser Abhängigkeit bieten die verallgemeinerten Ähnlichkeitsbetrachtungen von George [27].

Das von Wyngaard [93, 94] entwickelte Verfahren zur Abschätzung von Fehlern, die aus den endlichen Sondenabmessungen resultieren, besitzt für die untersuchten Nachlaufströmungen Gültigkeit. Die insgesamt sehr gute Übereinstimmung der mit unterschiedlichen Sondentypen gemessenen Ableitungen $u_{ij}$ und die Verträglichkeit mit verschiedenen Zwangsbedingungen sind Indizien für die Zuverlässigkeit der Meßwerte. Verbesserungsmöglichkeiten bestehen lediglich hinsichtlich der Messung der Ableitungen $u_{23}$ und $u_{32}$. Für weitere Untersuchungen bietet sich hierfür die nahezu isotrope Gitterturbulenz an, da in dieser Strömung eine gut definierte und bekannte Turbulenzstruktur vorliegt, Gradienten des mittleren Geschwindigkeitsfeldes fehlen und durch Messung an verschiedenen Positionen hinter dem Gitter das Kolmogorovsche Mikrolängenmaß und damit die Auflösung der Sonden auf einfache Weise variiert werden kann. Insgesamt kann die Meßgenauigkeit der Ableitungen durch Vergrößerung der Längenmaße der untersuchten Strömung das Problem verbessert werden. Das läßt sich beispielsweise durch Messung in Windkanälen mit größerer Meßstreckenlänge erreichen, wodurch gleichzeitig Turbulenzerzeuger mit größeren Abmessungen verwendet werden können.

Anhand der Anisotropie-Invariantenkarte wurde gezeigt, daß die von Kolmogorov [45] bei hohen Reynoldszahlen postulierte lokale Isotropie der turbulenten Feinstruktur (die auch die Dissipationskorrelationen einschließt) nur bei gleichzeitig verschwindender Anisotropie der Reynoldsschen Spannungen vorliegen kann. Ein Gradient der mittleren Geschwindigkeit induziert jedoch stets auch eine Anisotropie der Reynoldsschen Spannungen, so daß für turbulente Scherströmungen lokale Isotropie auch bei hohen Reynoldszahlen nicht exakt vorliegen kann. Ähnliches gilt auch für den Fall der lokalen Achsensymmetrie. Als Konsequenz der lokalen Achsensymmetrie verschwinden - wie für lokale Isotropie - die Produktionsterme $P_\epsilon^1$ und $P_\epsilon^2$ der Dissipationsgleichung und damit praktisch die Kopplung zwischen dem mittleren Geschwindigkeitsfeld und der Dissipationsgleichung. Diese Situation hat sich jedoch für Scherströmungen als unrealistisch erwiesen, woraus zu schlußfolgern ist, daß eine Schubdeformation des mittleren Geschwindigkeitsfeldes zwangsläufig Abweichungen von der lokalen Achsensymmetrie hervorruft.

Beide untersuchten Nachlaufströmungen unterstützen diese Aussage. Allein wegen der jeweils vorhandenen Nichtdiagonalenkomponente $\epsilon_{12}$ des Dissipationstensors erfüllen sie weder lokale Isotropie noch lokale Achsensymmetrie. Dennoch ist eine Reihe von Symmetriebedingungen, die in isotroper und insbesondere in achsensymmetrischer Turbulenz vorliegen, erfüllt. Die Abweichungen von der lokalen Isotropie und Achsensymmetrie nehmen zur Nachlaufachse hin ab. Auf der Nachlaufachse weisen in beiden Strömungen alle meßbaren Turbulenzstatistiken Achsensymmetrie auf, was unter Berücksichtigung der vorangegangenen Diskussion auch zu erwarten ist.

Die durch das Modell (2.36) vorausgesagte Aufteilung des Dissipationstensors konnte durch die experimentellen Daten bestätigt werden. Aufgrund der meßtechnisch bedingten Beschränkung auf niedrige Reynoldszahlen treten wegen der im Modell angesetzten Näherung $A(Re_\lambda \rightarrow \infty) = 0$ im Bereich der Nachlaufachse Abweichungen zwischen Modell und Messung auf. Diese Abweichungen besitzen jedoch für praktische Anwendungen keine Bedeutung. Die Verwendung von $A = \sqrt{II_e/II}$ führte im achsensymmetrischen Nachlauf zu einer ausgezeichneten Übereinstimmung zwischen Modell und Experiment. Im ebenen Nachlauf verbleiben Abweichungen, die auf Nichtlinearitäten zurückzuführen sind. Allerdings beschränkt sich der Einfluß dieser Nichtlinearitäten auf einige Prozent.

Die dem Modell zugrundeliegende näherungsweise Linearität zwischen den Anisotropietensoren der Dissipationskorrelationen und der Reynoldsschen Spannungen ist auch für den ebenen Nachlauf mit guter Näherung erfüllt. Für die Mehrzahl aller turbulenten Strömungen wird diese Linearität ausreichend genau sein.

Die Meßwerte des ebenen Nachlaufs unterstützen die im Modell verwendete Näherung $P_\epsilon^1 \approx P_\epsilon^2$, die für Strömungen außerhalb des unmittelbar wandnahen Bereiches abgeleitet wurde. Im achsensymmetrischen Nachlauf sind beide Produktionsterme $P_\epsilon^1$ und $P_\epsilon^2$ sehr klein. Ob die Näherung $P_\epsilon^1 \approx P_\epsilon^2$ auch für den Grenzfall $P_\epsilon^1, P_\epsilon^2 \to 0$ gilt, läßt sich anhand der Daten nicht beantworten.

Die Bilanzen der turbulenten Dissipationsrate beider Nachlaufströmungen zeigen, daß die Annahme lokaler Homogenität für die Zweipunkt-Geschwindigkeitskorrelationen dritter Ordnung nicht zulässig ist, da ansonsten der turbulente Transport in der Dissipationsgleichung gleich Null ist. Anhand der Daten wurde gezeigt, daß ohne den turbulenten Transport keine ausgeglichene Bilanz erreicht werden kann. Im inneren Bereich des Nachlaufs konnte der Modellansatz (2.35) für den turbulenten Transportterm indirekt verifiziert werden. Im Außenbereich sind wegen des verbleibenden Defizits Abweichungen zwischen modellierter und exakter Form nicht auszuschließen. Zur Klärung dieser Fragestellung ist eine direkte Messung des turbulenten Transportterms mit Hilfe von zwei Dreidrahtsonden notwendig. Sowohl die Bilanz der turbulenten Dissipationsrate als auch die der turbulenten kinetischen Energie des achsensymmetrischen Nachlaufs zeigen, daß die Zweipunkt-Druck-Geschwindigkeitskorrelationen keine lokale Homogenität aufweisen und im Modell berücksichtigt werden müssen.

Die Bereitstellung zusätzlicher experimenteller oder numerischer Datensätze ist für die weiterer Modellentwicklung und -verifikation wünschenswert. Als Vertreter der freien Strömungen bietet sich zunächst die ebene Trennungsschicht an, die praktisch mit der gleichen Meßtechnik untersucht werden könnte. Die Untersuchung des turbulenten Freistrahls ist wegen der hohen Turbulenzintensitäten attraktiv, gleichzeitig meßtechnisch jedoch sehr schwierig. Hier müßten *flying hot-wires* oder die in der Einleitung erwähnten optischen Meßverfahren eingesetzt werden.

Abschließend soll nochmals erwähnt werden, daß die Meßdaten auch für die Modellierung der beiden anderen unbekannten Terme (*i* und *ii*) der Reynolds-Spannungsgleichungen (1.2) herangezogen werden können. Durch Berechnung des Gleichgewichts der einzelnen Reynolds-Spannungskomponenten lassen sich beispielsweise (aus der Differenz aller Terme) die Geschwindigkeit-Druckgradient-Korrelationen ermitteln. Auch eine Analyse der Dreifach-Geschwindigkeitskorrelationen ist anhand der Daten möglich. Bis auf die Druck-Korrelationen können alle Terme der Transportgleichungen für die Dreifach-Geschwindigkeitskorrelationen aus den Daten bestimmt werden.

# Literatur


[1] A Selection of Test Cases for the Validation of Large-Eddy Simulations of Turbulent Flows. AGARD ADVISORY REPORT NO. 345.

[2] Antonia, R.A. & Browne, L.W.B. 1986 Anisotropy of the temperature dissipation in a turbulent wake. *J. Fluid Mech.*, 163:393–403.

[3] Antonia, R.A. & Mi, J. 1993 Corrections for velocity and temperature derivatives in turbulent flows. *Exp. in Fluids*, 14:203–208.

[4] Antonia, R.A., Zhu, Y. & Kim, J. 1993 On the measurement of lateral velocity derivatives in turbulent flow. *Exp. in Fluids*, 15:65–69.

[5] Aronson, D. & Löfdahl, L. 1993 The plane wake of a cylinder: Measurements and inferences on turbulence modeling. *Phys. Fluids*, A 5 (6):1433–1437.

[6] Batchelor, G.K., 1946 The theory of axisymmetric turbulence. *Proc. Royal Soc. A*, 186:480–502.

[7] Batchelor, G.K., 1953 *The theory of homogeneous turbulence.* Cambridge University Press.

[8] Bradshaw, P., 1971 *An introduction to turbulence and its measurement.* Pergamon Press.

[9] Bradshaw, P., 1967 *NPL Aero Rep.*, 1220.

[10] Bradshaw, P., 1967 *Aero Res. Counc. R. & M.*, 3603.

[11] Browne, L.W.B., Antonia, R.A. & Shah, D.A. 1987 Turbulent energy dissipation in a wake. *J.Fluid Mech.*, 179:307–326.

[12] Champagne, F.H. 1978 The fine-scale structure of the turbulent velocity field. *J. Fluid Mech.*, 86:67–108.

[13] Chandrasekhar, S. 1950 The theory of axisymmetric turbulence. *Phil. Trans. Roy. Soc. London A*, 242:557–577.

[14] Chou, P.Y. 1945 On the velocity correlation and the solutions of the equations of turbulent fluctuation. *Quart. Appl. Math.*, 3:38–54.

[15] Chou, P.Y. 1945 Pressure flow of a turbulent fluid between two infinite parallel planes. *Quart. Appl. Math.*, 3:198–209.

[16] Chou, P.Y. 1947 The turbulent flow along a semi-infinite plate. *Quart. Appl. Math.*, 5:346–353.

[17] Corrsin, S. 1943 Investigation of flow in axially symmetrical heated jet of air. *NACA WR W-94.*

[18] Corrsin, S. & Uberoi, M.S. 1951 Spectra and diffusion in a round turbulent jet. *NACA report 1040.*

[19] Davydov, B.I. 1961 On the statistical dynamics of an incompressible turbulent fluid. *Doklady Akad. Nauk SSSR*, 136:47–50.

[20] Deardorff, J.W. 1970 A numerical study of three-dimensional turbulent channel flow at large Re numbers. *J. Fluid Mech.*, 41:453–480.

[21] Fabris, G. 1974 Conditionally sampled turbulent thermal and velocity fields in the wake of a warm cylinder and its interaction with an equal cool wake. *Ph.D. thesis. Illinois Institute of Technology.*

[22] Fabris, G. 1979 Conditional sampling study of the turbulent wake of a cylinder. Part 1. *J. Fluid Mech.*, 94:673–709.

[23] Fabris, G. 1983 Third-order conditional transport correlations in the two-dimensional turbulent wake. *Phys. Fluids*, 26(2):422–427.

[24] Freymuth, P. & Uberoi, M.S. 1971 Structure of Temperature Fluctuations in the Turbulent Wake behind a Heated Cylinder. *Phys. Fluids*, 14(12):2574–2580.

[25] Freymuth, P. & Uberoi, M.S. 1973 Temperature fluctuations in the turbulent wake behind an optically heated sphere. *Phys. Fluids*, 16(2):161–168.

[26] George, W.K. & Hussein, H.J. 1991 Locally axisymmetric turbulence. *J. Fluid Mech.*, 233:1–23.

[27] George, W.K. 1989 The Self-Preservation of Turbulent Flows and Its Relation to Initial Conditions and Coherent Structures. *Advances in Turbulence* (ed. W.K. George & R. Arndt), 39-73.

[28] Gibson, C.H., Chen, C.C. & Lin, S.C. 1968 Measurements of turbulent velocity and temperature fluctuations in the wake of a sphere. *AIAA Journal*, 6:642–649.

[29] Gilbert, N. & Kleiser, L. 1991 Turbulence model testing with the aid of direct numerical simulation results. *8th Symp. on Turbulent Shear Flows, Sept. 9-11, TU of Munich, 26.1.1-26.1.6.*

[30] Hallbäck, M., Groth, J. & Johansson, A. 1990 An algebraic model for nonisotropic turbulent dissipation rate in Reynolds stress closures. *Phys. Fluids, A2*, 10:1859–1866.

[31] Hanjalić, K. & Jakilić, S. 1993 Conventional turbulence models: Prospects, limitations, and possible directions for improvement. *Mini-Workshop, Advanced Turbulence Modelling, The Brite-Euram Project, University Erlangen-Nürnberg.*

[32] Hanjalić, K. & Launder, B.E.A. 1972 A Reynolds stress model of turbulence and its application to shear flows. *Journal of Fluid Mech.*, 52:609–638.

[33] Hoerner, S.F. 1965 *Fluid-Dynamic Drag*

[34] Hinze, J.O., 1975 *Turbulence.* Mc Graw-HillBook Company, 2nd ed.

[35] Hussein, H.J., Capp, S.P. & George, W. 1994 Velocity measurements in a high Reynolds number, momentum-conserving, axisymmetric, turbulent jet. *J. Fluid Mech.*, 258:31–75.

[36] Hussein, H.J. 1994 Evidence of local axisymmetry in the small scales of a turbulent planar jet. *Phys. Fluids*, 6:2058–2070.

[37] Jakirlić, S. 1997 Reynolds-Spannungs-Modellierung komplexer turbulenter Strömungen. *Dissertation, Universität Erlangen-Nürnberg.*

[38] Jakirlić S. & Hanjalić 1995 A Second-Moment Closure for Non-Equilibrium and Separating High- and Low-Re-Number Flows. *Proc. 10th Symposium on Turbulent Shear Flows, The Pennsylvania State University, USA, August, 14-16.*

[39] Jovanović, J., Ye, Q.-Y. & Durst, F. 1992 Refinement of the equation for the determination of turbulent micro-scale. *University Erlangen-Nuremberg LSTM-Rep. 349/T92.*

[40] Jovanović, J., Ye, Q.-Y. & Durst, F. 1995 Statistical interpretation of the turbulent dissipation rate in wall-bounded flows. *J. Fluid Mech.*, 293:321–347.

[41] Jovanović, J., Ye, Q.-Y., Jakirlić, S. & Durst, F. 1996 Turbulence closure for dissipation rate correlation. *submitted to J. Fluid Mech.*

[42] Jovanović, J., Schenck, T. & Durst, F. 1999 Experimental verification of a turbulent dissipation model. *ERCOFTAC Bull.*, 40:46-50

[43] Klebanoff, J. 1953 Characteristics of turbulence in a boundary layer with zero pressure gradient. *NACA TN 3178.*

[44] Kobashi, Y. 1957, J. Phys. Soc. Japan, 12:533.

[45] Kolmogorov, A.N. 1941 Die lokale Struktur der Turbulenz in einer inkompressiblen zähen Flüssigkeit bei sehr großen Reynoldszahlen. *Dokl. Akad. Wiss. UdSSR*, 30:301-305.

[46] Kolmogorov, A.N. 1941 Die Energiedissipation für lokalisotrope Turbulenz. *Dokl. Akad. Wiss. UdSSR*, 32:16-18.

[47] Kolmogorov, A.N. 1942 Equation of turbulent motion of an incompressible fluid. *Isv. Akad. Nauk. SSSR*, Ser. Fiz., 6:56-58.

[48] Kolovandin, B.A. & Vatutin, I.A. 1969 On statistical theory of non-uniform turbulence. *International seminar Heat and Mass Transfer in Flows with Separated Regions, Herceg Novi-Yugoslavia, September*, pages 1–13.

[49] Kolovandin, B.A. & Vatutin, I.A. 1972 Statistical transfer theory in non-homogeneous turbulence. *International Journal of Heat and Mass Transfer*, 15:2371–2383.

[50] Krishnamoorthy, L.V. & Antonia, R.A. 1987 Temperature-dissipation measurements in a turbulent boundary layer *J. Fluid Mech.*, 176:265–281.

[51] Laufer, J. 1954 The structure of turbulence in fully developed pipe flow. *NACA Rep. 1174*, pages 417–433.

[52] Loulou, P., Moser, R., Mansour, N. & Cantwell, B. 1997 Direct simulation of incompressible pipe flow using a B-spline spectral method. *NASA TM-110436.*

[53] Lumley, J. 1978 Computational modeling of turbulent flows. *Advances in Applied Mechanics*, 18:123–176.

[54] Lumley, J. 1992 Some comments on turbulence. *Phys. Fluids A*, 4:203–211.

[55] Lumley, J. & Newman, G. 1977 The return to isotropy of homogeneous turbulence. *J. Fluid Mech.*, 82:161–178.

[56] Mansour, N.N., Kim, J. & Moin, P. 1987 Reynolds stress and dissipation rate budgets in a turbulent channel flow. *NASA TM-89451.*

[57] Moser, R.D., Rogers, M.M. & Ewing, D.W. 1998 Self-similarity of time-evolving plane wakes. *J. Fluid Mech.*, 367:255–289.

[58] Narasimha, R. & Prabhu, A. 1972 Equilibrium and relaxation in turbulent wakes. *J. Fluid Mech.*, 54:1–17.

[59] Nasseri, M. & Nitsche, W. 1991 Development of a Probe for Measuring Pressure Diffusion. *Proc. Eight Symp. on Turbulent Shear Flows, Munich, 4-4-1–4-4-6.*

[60] Orszag, S.A., 1978 *Numerical simulation of turbulent flows.* Handbook of Turbulence, volume 1. Plenum Press.

[61] Panchapakesan, N.R. & Lumley, J.L. 1993 Turbulence measurements in axisymmetric jets of air and helium. Part1. Air jet. *J. Fluid Mech.*, 246:197–223.

[62] Pao, Y.-H., 1965 Structure of turbulent velocity and scalar fields in large wavenumbers. *Phys. Fluids*, 8:1063–1075.

[63] Rodi, W. 1976 A new algebraic relation for calculating the Reynolds stresses. *ZAMM*, 56:T219–221

[64] Rodi, W. & Mansour, N.N. 1993 Low reynolds number $k - \epsilon$ modelling with the aid of direct numerical simulation data. *J. Fluid Mech.*, 250:509–529.

[65] Rogallo, R. 1981 Numerical experiments in homogeneous turbulence. *NASA TM-81315.*

[66] Rotta, J. 1951 Statistische Theorie nichthomogener Turbulenz. 1.Mitteilung. *Zeitschrift für Physik*, 129:547–572.

[67] Rotta, J. 1951 Statistische Theorie nichthomogener Turbulenz. 2.Mitteilung. *Zeitschrift für Physik*, 131:51–77.

[68] Rotta, J.C., 1972 *Turbulente Strömungen.* Mc Graw-HillBook Company, 2nd ed.

[69] Schenck, T., Petrović, D., Jovanović, J. & Durst, F. 1998 Turbulent dissipation measurements in a plane wake flow. *Proc. of the 1998 ASME Fluids Engineering Division Summer Meeting, FED-Vol 245, Washington*

[70] Schenck, T., Petrović, D., Jovanović, J. & Durst, F. 1998 Measurement of dissipation correlations in a turbulent plane wake. *Proc. of the 7th Int. Symp. on Flow Modeling and Turb. Meas., Tainan*

[71] Schlichting, H. & Gersten, K. 1997 *Grenzschicht-Theorie.* Springer-Verlag Berlin Heidelberg.

[72] Schumann, U. 1973 Ein Verfahren zur direkten numerischen Simulation turbulenter Strömungen in Platten- und Ringspaltkanälen und über seine Anwendung zur Untersuchung von Turbulenzmodellen. *Dissertation, Universität Karlsruhe, Germany.*

[73] Simmons, L.F.G. & Salter, C. 1934 Experimental investigation and analysis of the velocity variations in turbulent flow. *Proc. Roy. Soc. London, Ser. A*, 145:212–.

[74] Spalart, P.R. 1986 Numerical study of sink-flow boundary layers. *J. Fluid Mech.*, 172:307–328.

[75] Spalart, P.R. 1988 Direct numerical study of a turbulent boundary layer up to $Re_\theta =$ 1410. *J. Fluid Mech.*, 187:61–98.

[76] Sreenivasan, K.R. & Narasimha, R. 1982 Equilibrium Parameters for Two-Dimensional Turbulent Wakes. *J. Fluid Engineering.*, 104:167–170.

[77] Sreenivasan, K.R. 1982 Approach to Self-Preservation in Plane Turbulent Wakes. *AIAA Journal.*, 10:1365–1367.

[78] Tagawa, M., Tsuji, T. & Nagano, Y. 1992 Evaluation of X-wire response to wire separation for wall turbulence measurements. *Exp. in Fluids*, 12:413–421.

[79] Tavoularis, S. & Corrsin, S. 1981 Experiments in nearly homogeneous turbulent shear flow with uniform mean temperature gradient. Part1 *J. Fluid Mech.*, 104:311–347.

[80] Tavoularis, S. & Corrsin, S. 1981 Experiments in nearly homogeneous turbulent shear flow with uniform mean temperature gradient. Part2 *J. Fluid Mech.*, 104:349–367.

[81] Tennekes, H. & Lumley, J.L., 1972. *A First Course in Turbulence.* The MIT Press, Cambridge, Mass., and London.

[82] Townsend, A.A. 1948 Local isotropy in the turbulent wake of a cylinder. *Australian J. Sci. Res., ser. A*, 1:161–174

[83] Townsend, A.A. 1949 The fully developed turbulent wake of a circular cylinder. *Australian J. Sci. Res. ser. A.*, 2:451–468.

[84] Townsend, A.A. 1956 *The Structure of Turbulent Shear Flow.* Cambridge University Press.

[85] Tutu, N.K. & Chevray, R. 1975 Cross-wire anemometry in high intensity turbulence. *J. Fluid Mech.*, 71:785–800.

[86] Uberoi, M.S. & Kovasznay, L.S.G. 1953 *Quart. Appl. Math.*, 10:375–393.

[87] Uberoi, M.S. & Freymuth, P. 1969 Spectra of Turbulence in Wakes behind Circular Cylinders. *Phys. Fluids*, 12:1359–1363.

[88] Uberoi, M.S. & Freymuth, P. 1970 Turbulent Energy Balance and Spectra of the Axisymmetric Wake. *Phys. Fluids*, 13:2205–2210.

[89] Uberoi, M.S. & Freymuth, P. 1973 Temperature fluctuations in the turbulent wake behind an optically heated sphere. *Phys. Fluids*, 16:161–168.

[90] Van Dyke, M. 1982 *An Album of Fluid Motion.* The Parabolic Press, Stanford.

[91] Weygandt, J.H. & Metha, R.D. 1995 Three-dimensional structure of straight and curved plane wakes. *J. Fluid Mech.*, 282:279–311.

[92] Wygnanski, I., Champagne, F. & Marasli, B. 1986 On the large-scale structures in two-dimensional, small-deficit, turbulent wakes. *J. Fluid Mech.*, 168:31-71.

[93] Wyngaard, J.C. 1968 Measurement of small-scale turbulence structure with hot wires. *J. Sci. Instrum.*, 1:1105–1108.

[94] Wyngaard, J.C. 1969 Spatial resolution of the vorticity meter and other hot-wire arrays. *J. Sci. Instrum.*, 2:983–987.

[95] Ye, Q.-Y. 1996 Die turbulente Dissipation mechanischer Energie in Scherschichten. *Dissertation, Universität Erlangen-Nürnberg.*

[96] Zhu, Y. & Antonia, R.A. & Kim, J. 1993 Velocity and temperature derivative measurements in the near-wall region of a turbulent duct flow. *Near-Wall Turbulent Flows.*, 549–561.

[97] Zhu, Y. & Antonia, R.A. 1995 Effect of wire separation on X-probe measurements in a turbulent flow. *J. Fluid Mech.*, 287:199–223.

[98] Zhu, Y. & Antonia, R.A. 1995 The spatial resolution of two X-probes for velocity derivative measurements. *Meas. Sci. Technol.*, 6:538–549.

# A Die Gleichung der turbulenten Dissipationsrate

### Zur Definition der turbulenten Dissipationsrate

Die Dissipationsrate der turbulenten kinetischen Energie ist wie folgt definiert (vgl. Rotta [68]):

$$\overline{\epsilon} = \nu \overline{\frac{\partial u_i}{\partial x_j}\left(\frac{\partial u_i}{\partial x_j} + \frac{\partial u_j}{\partial x_i}\right)}. \tag{A.1}$$

Gleichung (A.1) enthält 12 Terme:

$$\begin{aligned}\overline{\epsilon} = \nu \Bigg[ & \underbrace{2\overline{\left(\frac{\partial u_1}{\partial x_1}\right)^2}}_{1} + \underbrace{\overline{\left(\frac{\partial u_2}{\partial x_1}\right)^2}}_{2} + \underbrace{\overline{\left(\frac{\partial u_3}{\partial x_1}\right)^2}}_{3} + \underbrace{\overline{\left(\frac{\partial u_1}{\partial x_2}\right)^2}}_{4} + \underbrace{2\overline{\left(\frac{\partial u_2}{\partial x_2}\right)^2}}_{5} + \underbrace{\overline{\left(\frac{\partial u_3}{\partial x_2}\right)^2}}_{6} + \underbrace{\overline{\left(\frac{\partial u_1}{\partial x_3}\right)^2}}_{7} + \\ & \underbrace{\overline{\left(\frac{\partial u_2}{\partial x_3}\right)^2}}_{8} + \underbrace{2\overline{\left(\frac{\partial u_3}{\partial x_3}\right)^2}}_{9} + \underbrace{2\overline{\left(\frac{\partial u_1}{\partial x_2}\right)\left(\frac{\partial u_2}{\partial x_1}\right)}}_{10} + \underbrace{2\overline{\left(\frac{\partial u_1}{\partial x_3}\right)\left(\frac{\partial u_3}{\partial x_1}\right)}}_{11} + \underbrace{2\overline{\left(\frac{\partial u_2}{\partial x_3}\right)\left(\frac{\partial u_3}{\partial x_2}\right)}}_{12} \Bigg]. \end{aligned} \tag{A.2}$$

Drei von ihnen, die Terme 10-12, insbesondere der Term 12, sind meßtechnisch schwer zugänglich. Durch Umformung von (A.1) erhält man (Rotta [68]):

$$\overline{\epsilon} = \nu \overline{\frac{\partial u_i}{\partial x_j}\left(\frac{\partial u_i}{\partial x_j} + \frac{\partial u_j}{\partial x_i}\right)} = \underbrace{\nu \overline{\frac{\partial u_i}{\partial x_j}\frac{\partial u_i}{\partial x_j}}}_{\epsilon=\epsilon_{ii}} + \nu \frac{\partial^2 \overline{u_i u_j}}{\partial x_i \partial x_j}. \tag{A.3}$$

Der erste Term $\epsilon$ auf der rechten Seite von Gleichung (A.3) enthält nur neun Terme:

$$\begin{aligned}\epsilon = \nu \Bigg[ & \underbrace{\overline{\left(\frac{\partial u_1}{\partial x_1}\right)^2}}_{1} + \underbrace{\overline{\left(\frac{\partial u_2}{\partial x_1}\right)^2}}_{2} + \underbrace{\overline{\left(\frac{\partial u_3}{\partial x_1}\right)^2}}_{3} + \underbrace{\overline{\left(\frac{\partial u_1}{\partial x_2}\right)^2}}_{4} + \underbrace{\overline{\left(\frac{\partial u_2}{\partial x_2}\right)^2}}_{5} + \underbrace{\overline{\left(\frac{\partial u_3}{\partial x_2}\right)^2}}_{6} + \\ & \underbrace{\overline{\left(\frac{\partial u_1}{\partial x_3}\right)^2}}_{7} + \underbrace{\overline{\left(\frac{\partial u_2}{\partial x_3}\right)^2}}_{8} + \underbrace{\overline{\left(\frac{\partial u_3}{\partial x_3}\right)^2}}_{9} \Bigg]. \end{aligned} \tag{A.4}$$

Er wird im weiteren als turbulente Dissipationsrate $\epsilon$ bezeichnet. Mit Hilfe von (A.3) kann aus $\epsilon$ jederzeit die gesamte turbulente Dissipationsrate $\overline{\epsilon}$ bestimmt werden. Der zweite Term auf der rechten Seite von (A.3) enthält nur Ableitungen der Reynoldsschen Spannungen, die verhältnismäßig einfach zu bestimmen sind.

Aus einer einfachen Abschätzung der Größenordnung der Terme in Gleichung (A.3) folgt:

$$\overline{\epsilon} = \epsilon \left[ 1 + O\left( \frac{\lambda^2}{L^2} \right) \right] . \tag{A.5}$$

$L$ ist dabei ein charakteristisches Längenmaß der energietragenden, großen Wirbel, während $\lambda$, das Taylorsche Mikrolängenmaß, ein charakteristisches Maß für die dissipativen Turbulenzelemente darstellt. Eine konservative Abschätzung ist $L/\lambda \propto Re_T$, mit $Re_T = q^2/(\nu\epsilon)$, so daß praktisch immer gilt: $\overline{\epsilon} = \epsilon$ (vgl. auch Hallbäck et al. [30]). In homogener Turbulenz sind $\epsilon$ und $\overline{\epsilon}$ definitionsgemäß identisch.

### Die exakte Dissipationsgleichung

Die Transportgleichung für die turbulente Dissipationsrate kann aus den Kontinuitäts- und Impulsgleichungen abgeleitet werden. Ausgangspunkt sind die dynamischen Gleichungen für die Schwankungsgeschwindigkeiten $u_i$, die durch Subtraktion der Reynoldsschen Gleichungen (1.1) von den Navier-Stokes-Gleichungen erhalten werden können. Die Gleichungen für die Schwankungsgeschwindigkeiten $u_i$ differenziert man nach $x_l$, multipliziert sie mit $2\nu(\partial u_i/\partial x_l)$ und unterzieht sie einer zeitlichen Mittelwertbildung (Jovanović et al. [40]). Die resultierende exakte Transportgleichung für die turbulente Dissipationsrate lautet:

$$\underbrace{\frac{\partial \epsilon}{\partial t} + U_k \frac{\partial \epsilon}{\partial x_k}}_{D\epsilon/Dt} = \underbrace{-2\nu \overline{\frac{\partial u_i}{\partial x_l}\frac{\partial u_k}{\partial x_l}} \frac{\partial U_i}{\partial x_k}}_{P_\epsilon^1} \underbrace{-2\nu \overline{\frac{\partial u_i}{\partial x_k}\frac{\partial u_i}{\partial x_l}} \frac{\partial U_k}{\partial x_l}}_{P_\epsilon^2} \underbrace{-2\nu \overline{u_k \frac{\partial u_i}{\partial x_l}} \frac{\partial^2 U_i}{\partial x_k \partial x_l}}_{P_\epsilon^3} \underbrace{-2\nu \overline{\frac{\partial u_i}{\partial x_l}\frac{\partial u_k}{\partial x_l}\frac{\partial u_i}{\partial x_k}}}_{P_\epsilon^4}$$

$$\underbrace{-\nu \frac{\partial}{\partial x_k} \overline{[u_k \frac{\partial u_i}{\partial x_l}\frac{\partial u_i}{\partial x_l}]}}_{T_\epsilon} \underbrace{- \frac{2\nu}{\rho} \overline{\frac{\partial u_i}{\partial x_l}\frac{\partial^2 p}{\partial x_i \partial x_l}}}_{\Pi_\epsilon} \underbrace{-2\nu^2 \overline{\left( \frac{\partial^2 u_i}{\partial x_l \partial x_n} \right)^2}}_{-\gamma} \underbrace{+\nu \frac{\partial^2 \epsilon}{\partial x_l^2}}_{D_\epsilon} . \tag{A.6}$$

Den einzelnen Termen lassen sich die folgenden physikalischen Bedeutungen zuordnen:

- $D\epsilon/Dt$ : Totale (zeitliche und konvektive) Änderung von $\epsilon$
- $P_\epsilon^1$, $P_\epsilon^2$ : Produktion infolge der Deformation des mittleren Geschwindigkeitsfeldes
- $P_\epsilon^3$ : Produktion infolge der Wechselwirkung von Gradienten der mittleren Geschwindigkeit und der Geschwindigkeitsfluktuationen (*mixed production*)

- $P_\epsilon^4$ : Produktion infolge der Deformation von Wirbelelementen (*vortex streching*)
- $T_\epsilon$ : Diffusiver Transport infolge der turbulenten Schwankungsbewegung
- $\Pi_\epsilon$ : Diffusiver Transport infolge der turbulenten Druckschwankungen
- $\gamma$ : Viskose Vernichtung
- $D_\epsilon$ : Viskose Diffusion

Alle Terme außer $D\epsilon/Dt$ und $D_\epsilon$ müssen modelliert werden.

# B Ableitung der Korrekturfunktionen

In Kapitel 3.2 wurde das von Wyngaard [93, 94] entwickelte und später von Antonia et al. [3, 4], Zhu & Antonia [96] und Zhu & Antonia [97, 98] erweiterte Verfahren vorgestellt, das eine Abschätzung der Meßfehler, die aufgrund der endlichen Sondenabmessungen entstehen, ermöglicht. Die Korrekturfunktionen für die mit Normaldrahtsonden gemessenen Ableitungen $u_{11}^m$ und $u_{13}^m$ wurden abgeleitet. Die gleiche Methodik kann zur Korrektur der mit zwei X-Drahtsonden gemessenen Ableitungen $u_{ij}^m$ verwendet werden. Es muß lediglich der räumliche Abstand der Drähte jeder einzelnen X-Drahtsonde berücksichtigt werden. Nachfolgend werden alle Korrekturfunktionen $r_{ij}$ dargestellt.

Abb. B.1 zeigt eine schematische Darstellung der Anordnung von zwei X-Drahtsonden zur Messung der Ableitungen $u_{12}$ und $u_{22}$. Die Winkel $\vartheta_a$ und $\vartheta_b$ entsprechen gerade $90° - \psi_a$ bzw. $90° - \psi_b$. Der Einfachheit halber soll für die weiteren Ausführungen $\vartheta_a = \vartheta_b = \vartheta$ gesetzt werden. Es ist auch möglich, unterschiedliche Winkel zu berücksichtigen, allerdings verkomplizieren sich die analytischen Ausdrücke dadurch erheblich. Aufgrund der relativ geringen Unterschiede der effektiven Drahtwinkel ($\psi_{i,eff} = 45°\pm7°$) unterscheiden sich die Ergebnisse kaum von der symmetrischen Anordnung. Zunächst sollen die mit einer

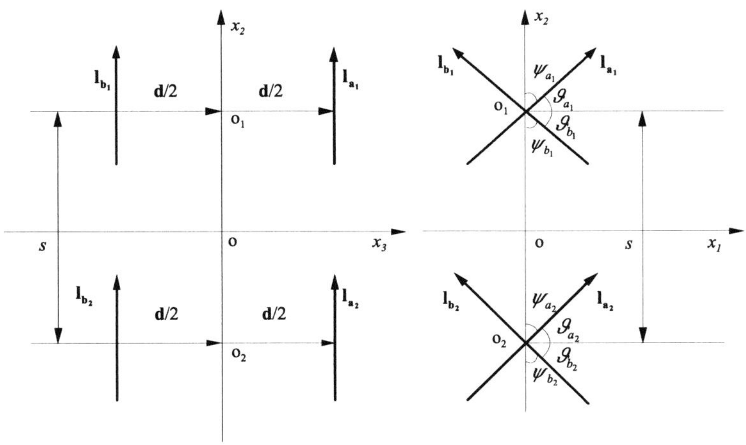

Abb. B.1: Schematische Darstellung der Anordnung zweier X-Drahtsonden zur Messung von Geschwindigkeitsableitungen (Konfiguration (a) in Abb. 3.1)

X-Drahtsonde unter Verwendung der Taylorschen Hypothese meßbaren Ableitungen $u_{11}$

und $u_{21}$ betrachtet werden. Für den räumlichen Abstand $\Delta x_1$ wird gesetzt:

$$\Delta x_1 = w = -U_1 \Delta t\,. \tag{B.1}$$

Bei kleinen Anströmwinkeln (bzw. kleinen Turbulenzgraden) können die linearisierten Hitzdrahtgleichungen verwendet werden, was die weiteren Ableitungen vereinfacht. Die Schwankungsanteile der elektrischen Spannungen $e_a$ und $e_b$ einer X-Drahtsonde lauten wie folgt:

$$\left.\begin{aligned} e_a &= K_a\,(\tilde{u}_{1a}\sin\vartheta - \tilde{u}_{1a}\cos\vartheta)\;, \\ e_b &= K_b\,(\tilde{u}_{1b}\sin\vartheta + \tilde{u}_{1b}\cos\vartheta)\;. \end{aligned}\right\} \tag{B.2}$$

$K_a$ und $K_b$ sind die Empfindlichkeiten der beiden Drähte und $\tilde{u}_{1a}$, $\tilde{u}_{1b}$, $\tilde{u}_{2a}$, $\tilde{u}_{2b}$ die Geschwindigkeitsfluktuationen an den Punkten a und b gemäß Gleichung (3.7). Bezeichnet man die gemessenen Geschwindigkeitsfluktuationen bei Vernachlässigung der endlichen Drahtlänge $l$ und des endlichen Drahtabstands $d$ mit $u_1^m$ und $u_2^m$, so kann man in gleicher Weise schreiben:

$$\left.\begin{aligned} e_a &= K_a\,(\tilde{u}_1^m\sin\vartheta - \tilde{u}_2^m\cos\vartheta)\;, \\ e_b &= K_b\,(\tilde{u}_1^m\sin\vartheta + \tilde{u}_2^m\cos\vartheta)\;. \end{aligned}\right\} \tag{B.3}$$

Aus der Kombination der Gleichungen (B.2) und (B.3) erhält man einen Zusammenhang zwischen gemessenen und tatsächlichen Geschwindigkeitskomponenten:

$$\left.\begin{aligned} 2u_1^m &= \tilde{u}_{1a} + \tilde{u}_{1b} + \cot\vartheta\,(\tilde{u}_{2b} - \tilde{u}_{2a})\;, \\ 2u_2^m &= \tilde{u}_{2a} + \tilde{u}_{2b} + \tan\vartheta\,(\tilde{u}_{1b} - \tilde{u}_{1a})\;. \end{aligned}\right\} \tag{B.4}$$

Die gemessene Ableitung $u_{21}^m$ einer X-Drahtsonde wird wie folgt bestimmt:

$$u_{21}^m = \frac{u_2^m(\mathbf{x}+\mathbf{w}) - u_2^m(\mathbf{x})}{w}\,, \tag{B.5}$$

mit $\mathbf{x} = (x_1, x_2, x_3)$ und $\mathbf{w} = (w, 0, 0)$. Es soll zunächst eine X-Drahtsonde betrachtet werden, deren Drähte in der $x_1$-$x_2$-Ebene liegen. Setzt man die Beziehungen

$$\tilde{u}_{1a}(\mathbf{x}+\mathbf{w}) = \int_{-\infty}^{\infty} e^{i\mathbf{k}(\mathbf{x}+\mathbf{d}/2+\mathbf{w})} \underbrace{\frac{\sin(\mathbf{k}\mathbf{l_a}/2)}{\mathbf{k}\mathbf{l_a}/2}}_{X_a} dZ_1(\mathbf{k})\,,$$

$$\tilde{u}_{2a}(\mathbf{x}+\mathbf{w}) = \int_{-\infty}^{\infty} e^{i\mathbf{k}(\mathbf{x}+\mathbf{d}/2+\mathbf{w})} \frac{\sin(\mathbf{k}\mathbf{l_a}/2)}{\mathbf{k}\mathbf{l_a}/2} dZ_2(\mathbf{k})\,,$$

$$\tilde{u}_{1b}(\mathbf{x}+\mathbf{w}) = \int_{-\infty}^{\infty} e^{i\mathbf{k}(\mathbf{x}-\mathbf{d}/2+\mathbf{w})} \underbrace{\frac{\sin(\mathbf{k}\mathbf{l_b}/2)}{\mathbf{k}\mathbf{l_b}/2}}_{X_b} dZ_1(\mathbf{k})\,,$$

$$\tilde{u}_{2b}(\mathbf{x}+\mathbf{w}) = \int_{-\infty}^{\infty} e^{i\mathbf{k}(\mathbf{x}-\mathbf{d}/2+\mathbf{w})} \frac{\sin(\mathbf{k}\mathbf{l_b}/2)}{\mathbf{k}\mathbf{l_b}/2} dZ_2(\mathbf{k}),$$

$$\tilde{u}_{1a}(\mathbf{x}) = \int_{-\infty}^{\infty} e^{i\mathbf{k}(\mathbf{x}+\mathbf{d}/2)} \frac{\sin(\mathbf{k}\mathbf{l_a}/2)}{\mathbf{k}\mathbf{l_a}/2} dZ_1(\mathbf{k}),$$

$$\tilde{u}_{2a}(\mathbf{x}) = \int_{-\infty}^{\infty} e^{i\mathbf{k}(\mathbf{x}+\mathbf{d}/2)} \frac{\sin(\mathbf{k}\mathbf{l_a}/2)}{\mathbf{k}\mathbf{l_a}/2} dZ_2(\mathbf{k}),$$

$$\tilde{u}_{1b}(\mathbf{x}) = \int_{-\infty}^{\infty} e^{i\mathbf{k}(\mathbf{x}-\mathbf{d}/2)} \frac{\sin(\mathbf{k}\mathbf{l_b}/2)}{\mathbf{k}\mathbf{l_b}/2} dZ_1(\mathbf{k}),$$

$$\tilde{u}_{2b}(\mathbf{x}) = \int_{-\infty}^{\infty} e^{i\mathbf{k}(\mathbf{x}-\mathbf{d}/2)} \frac{\sin(\mathbf{k}\mathbf{l_b}/2)}{\mathbf{k}\mathbf{l_b}/2} dZ_2(\mathbf{k}), \tag{B.6}$$

mit $\mathbf{d} = (0,0,d)$, $\mathbf{l_a} = (l/\sqrt{2}, l/\sqrt{2}, 0)$, $\mathbf{l_b} = (-l/\sqrt{2}, l/\sqrt{2}, 0)$ und $\mathbf{k} = (k_1, k_2, k_3)$ in Gleichung (B.5) ein, so erhält man:

$$\begin{aligned} u_{21}^m &= \frac{1}{2w} \int_{-\infty}^{\infty} e^{i\mathbf{k}\mathbf{x}} \left(e^{i\mathbf{k}\mathbf{w}} - 1\right) \left[\left(e^{i\mathbf{k}\mathbf{d}/2} X_a + e^{-i\mathbf{k}\mathbf{d}/2} X_b\right) dZ_2 \right. \\ &+ \left. \tan\vartheta \left(e^{-i\mathbf{k}\mathbf{d}/2} X_b - e^{i\mathbf{k}\mathbf{d}/2} X_a\right) dZ_1\right] \\ &= \int_{-\infty}^{\infty} e^{i\mathbf{k}\mathbf{x}} dZ_{21}^m . \end{aligned} \tag{B.7}$$

Das gemessene Ableitungsspektrum $\phi_{u_{2,1}}^m$ ergibt sich aus:

$$\phi_{u_{2,1}}^m = \overline{dZ_{21} dZ_{21}^*} / d\mathbf{k} . \tag{B.8}$$

Der Asteriskus $*$ steht für den konjugiert komplexen Wert von $dZ_{21}$. Setzt man Gleichung (B.7) in Gleichung (B.8) ein, so ergibt sich für das gemessene Ableitungsspektrum $\phi_{u_{2,1}}^m$:

$$\begin{aligned} \phi_{u_{2,1}}^m(\mathbf{k}) &= 1/w^2 \sin^2(k_1 w/2) \{\phi_{22}[(X_a^2 + X_b^2) + 2X_a X_b \cos(k_3 d)] \\ &+ 2\tan\vartheta\, \phi_{12}(X_b^2 - X_a^2) \\ &+ \tan^2\vartheta\, \phi_{11}[(X_a^2 + X_b^2) - 2X_a X_b \cos(k_3 d)]\} \end{aligned} \tag{B.9}$$

Unter Verwendung der Isotropiebeziehung (3.12) kann bei bekanntem Energiespektrum

$E(k)$[22] aus Gleichung (B.9) die Korrekturfunktion $r_{21}$ berechnet werden:

$$r_{21} = \frac{\int\int\int_{-\infty}^{\infty} \phi^m_{u_{2,1}}(\mathbf{k}) dk_1 dk_2 dk_3}{\int\int\int_{-\infty}^{\infty} k_1^2 \phi_{22}(\mathbf{k}) dk_1 dk_2 dk_3} . \tag{B.10}$$

In analoger Weise läßt sich auch die Korrekturfunktion $r_{11}$ ableiten, und man erhält:

$$\begin{aligned} \phi^m_{u_{1,1}}(\mathbf{k}) &= 1/w^2 \sin^2(k_1 w/2)\{\phi_{11}[(X_a^2 + X_b^2) + 2X_a X_b \cos(k_3 d)] \\ &+ 2\cot\vartheta\, \phi_{12}(X_b^2 - X_a^2) \\ &+ \cot^2\vartheta\, \phi_{22}[(X_a^2 + X_b^2) - 2X_a X_b \cos(k_3 d)]\} . \end{aligned} \tag{B.11}$$

Die mit der in Abb. B.1 (entspricht der Sondenkonfiguration (a) in Abb. 3.1) meßbaren Ableitungen $u_{12}$ und $u_{22}$ werden experimentell wie folgt bestimmt:

$$u^m_{12} = \frac{u^m_1(\mathbf{x} + \mathbf{s}/2) - u^m_1(\mathbf{x} - \mathbf{s}/2)}{s} , \tag{B.12}$$

$$u^m_{22} = \frac{u^m_2(\mathbf{x} + \mathbf{s}/2) - u^m_2(\mathbf{x} - \mathbf{s}/2)}{s} , \tag{B.13}$$

mit $\mathbf{s} = (0, s, 0)$. Anstelle von $w$ tritt in den Gleichungen (B.12) und (B.13) der Sondenabstand $s$ auf. Wiederholt man die zuvor dargestellte Prozedur, so ergeben sich die gemessenen Ableitungsspektren $\phi^m_{u_{1,2}}$ und $\phi^m_{u_{2,2}}$ wie folgt:

$$\begin{aligned} \phi^m_{u_{1,2}}(\mathbf{k}) &= 1/s^2 \sin^2(k_2 s/2)\{\phi_{11}[(X_a^2 + X_b^2) + 2X_a X_b \cos(k_3 d)] \\ &+ 2\cot\vartheta\, \phi_{12}(X_b^2 - X_a^2) \\ &+ \cot^2\vartheta\, \phi_{22}[(X_a^2 + X_b^2) - 2X_a X_b \cos(k_3 d)]\} , \end{aligned} \tag{B.14}$$

$$\begin{aligned} \phi^m_{u_{2,2}}(\mathbf{k}) &= 1/s^2 \sin^2(k_2 s/2)\{\phi_{22}[(X_a^2 + X_b^2) + 2X_a X_b \cos(k_3 d)] \\ &+ 2\tan\vartheta\, \phi_{12}(X_b^2 - X_a^2) \\ &+ \tan^2\vartheta\, \phi_{11}[(X_a^2 + X_b^2) - 2X_a X_b \cos(k_3 d)]\} . \end{aligned} \tag{B.15}$$

Die Ableitungsspektren der übrigen Sondenkonfigurationen in Abb. 3.1 unterscheiden sich nur durch die Vektoren **s** und **d**. So erhält man für die Sondenkonfiguration (c):

$$\begin{aligned} \phi^m_{u_{1,3}}(\mathbf{k}) &= 1/s^2 \sin^2(k_3 s/2)\{\phi_{11}[(X_a^2 + X_b^2) + 2X_a X_b \cos(k_3 d)] \\ &+ 2\cot\vartheta\, \phi_{12}(X_b^2 - X_a^2) \\ &+ \cot^2\vartheta\, \phi_{22}[(X_a^2 + X_b^2) - 2X_a X_b \cos(k_3 d)]\} \end{aligned} \tag{B.16}$$

[22] Das Energiespektrum $E(k)$ wurde aus den DNS-Daten einer turbulenten Kanalströmung berechnet, vgl. Kapitel 3.2.

bzw.

$$\begin{aligned} \phi^m_{u_{2,3}}(\mathbf{k}) &= 1/s^2 \sin^2(k_3 s/2)\{\phi_{22}[(X_a^2 + X_b^2) + 2X_a X_b \cos(k_3 d)] \\ &+ 2\tan\vartheta\, \phi_{12}(X_b^2 - X_a^2) \\ &+ \tan^2\vartheta\, \phi_{11}[(X_a^2 + X_b^2) - 2X_a X_b \cos(k_3 d)]\}\,. \end{aligned} \quad \text{(B.17)}$$

Aufgrund der gewählten isotropen Form des Spektraltensors gelten die folgenden Beziehungen zwischen den einzelnen Korrekturfunktionen $r_{ij}$:

$$r_{21} = r_{31}\,, \quad \text{(2.18a)}$$

$$r_{12} = r_{13}\,, \quad \text{(2.18b)}$$

$$r_{23} = r_{32}\,, \quad \text{(2.18c)}$$

$$r_{22} = r_{33}\,. \quad \text{(2.18d)}$$

Die Beziehung (2.18b) gilt nur für „gleichartige“ Sondenkonfigurationen, d.h. (a) und (b) bzw. (c) und (d). Die Korrekturfunktion $r_{12}$ der Konfiguration (a) unterscheidet sich beispielsweise von der der Konfiguration (d). Mit Hilfe der Gleichungen (B.11), (B.9), (B.14), (B.15), (B.16) und (B.17) können somit alle Korrekturfunktionen $r_{ij}$ bestimmt werden.

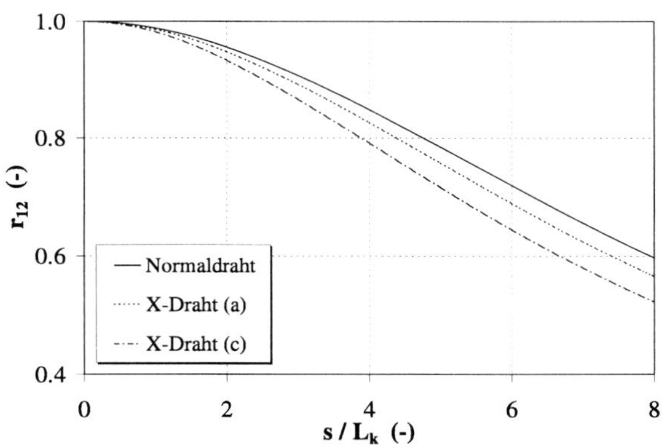


Abb. B.2: Vergleich der Korrekturfunktion $r_{12}$ für Standard Dantec Normal- bzw. X-Drahtsonden bei einem Sondenabstand von 1.76mm

In Kapitel 5.4.2 wurde als eine Möglichkeit zur Bestimmung des effektiven Sondenabstands vorgeschlagen, mit zwei Normaldrahtsonden (und bekanntem Sondenabstand) die

Korrelationskoeffizienten $\rho_{12}$ bzw. $\rho_{13}$ zu messen und diese nachfolgend mit den Meßwerten zweier X-Drahtsonden zu vergleichen. Dieses Verfahren setzt allerdings voraus, daß bei gleichem Sondenabstand gleiche Korrelationskoeffizienten bzw. gleiche Ableitungen gemessen werden. Das wiederum verlangt, daß die Korrekturfunktionen $r_{12}$ bzw. $r_{13}$ für Normal- und X-Drahtsonden den gleichen Verlauf aufweisen. In Abb. B.2 ist ein Vergleich der Korrekturfunktion $r_{12}$ für Normal- und X-Drahtsonden bei einem angenommen Sondenabstand von 1.76mm aufgetragen. Dargestellt ist der Verlauf der Korrekturfunktion $r_{12}$ bei konstanten Sondenabmessungen und variablem Kolmogorovschen Mikrolängenmaß $L_k$ Das entspricht der Messung eines Profils im Nachlauf.

Die Berechnungen wurden für die eingesetzten Dantec Standardsonden (P11 bzw. P61) durchgeführt. Man erkennt, daß die Korrekturfunktionen der X-Drahtsonden kleinere Werte als die der Normaldrahtsonden aufweisen. Bei der X-Drahtanordnung (c) treten sogar deutliche Abweichungen auf. Die mit dem X-Drahtpaar gemessenen Korrelationskoeffizienten werden demnach stets über denen des Normaldrahtpaars liegen. Dieses Verhalten konnte in den Messungen beobachtet werden. Die Abweichungen des nach dem Korrelationsverfahren bestimmten effektiven Sondenabstands vom geometrischen (bzw. aus der $x_2$-Verschiebung der Profile bestimmten) Sondenabstand betrugen bei den Konfigurationen (a) und (b) etwa 0.1mm, bei den Konfigurationen (c) und (d) hingegen etwa 0.3mm. Das beschriebene Korrelationsverfahren zur Bestimmung des effektiven Sondenabstands ist demnach nur für die Konfigurationen (a) und (b) anwendbar.

# Lebenslauf

## Angaben zur Person

| | |
|---|---|
| Name : | Thoralf Christian Schenck (geb. Unger) |
| Geburtsdatum : | 13.05.1968 |
| Geburtsort : | Berlin |
| Familienstand : | verheiratet |

## Ausbildung

| | |
|---|---|
| 1974 - 1984 | Oberschule in Berlin-Friedrichshain |
| 1984 - 1986 | Abitur an den Spezialklassen der TH Merseburg |
| 1986 - 1988 | Wehrdienst |
| 1988 - 1993 | Studium der Fachrichtung Verfahrenstechnik an an der TH Merseburg (seit 1993 an die Martin-Luther-Universität Halle angegliedert) |
| Okt. 1993 | Diplom |
| 1994 - 1996 | Stipendiat der Konrad-Adenauer-Stiftung |
| seit März 1996 | Wissenschaftlicher Mitarbeiter am Lehrstuhl für Strömungsmechanik der Universität Erlangen-Nürnberg |